Nicolas Wein

Dysferlinopathies: Développement d'outils diagnostics et de thérapies

Nicolas Wein

Dysferlinopathies: Développement d'outils diagnostics et de thérapies

Illustration de recherche translationnelle : du patient à la recherche

Presses Académiques Francophones

Impressum / Mentions légales

Bibliografische Information der Deutschen Nationalbibliothek: Die Deutsche Nationalbibliothek verzeichnet diese Publikation in der Deutschen Nationalbibliografie; detaillierte bibliografische Daten sind im Internet über http://dnb.d-nb.de abrufbar.
Alle in diesem Buch genannten Marken und Produktnamen unterliegen warenzeichen-, marken- oder patentrechtlichem Schutz bzw. sind Warenzeichen oder eingetragene Warenzeichen der jeweiligen Inhaber. Die Wiedergabe von Marken, Produktnamen, Gebrauchsnamen, Handelsnamen, Warenbezeichnungen u.s.w. in diesem Werk berechtigt auch ohne besondere Kennzeichnung nicht zu der Annahme, dass solche Namen im Sinne der Warenzeichen- und Markenschutzgesetzgebung als frei zu betrachten wären und daher von jedermann benutzt werden dürften.

Information bibliographique publiée par la Deutsche Nationalbibliothek: La Deutsche Nationalbibliothek inscrit cette publication à la Deutsche Nationalbibliografie; des données bibliographiques détaillées sont disponibles sur internet à l'adresse http://dnb.d-nb.de.
Toutes marques et noms de produits mentionnés dans ce livre demeurent sous la protection des marques, des marques déposées et des brevets, et sont des marques ou des marques déposées de leurs détenteurs respectifs. L'utilisation des marques, noms de produits, noms communs, noms commerciaux, descriptions de produits, etc, même sans qu'ils soient mentionnés de façon particulière dans ce livre ne signifie en aucune façon que ces noms peuvent être utilisés sans restriction à l'égard de la législation pour la protection des marques et des marques déposées et pourraient donc être utilisés par quiconque.

Coverbild / Photo de couverture: www.ingimage.com

Verlag / Editeur:
Presses Académiques Francophones
ist ein Imprint der / est une marque déposée de
AV Akademikerverlag GmbH & Co. KG
Heinrich-Böcking-Str. 6-8, 66121 Saarbrücken, Deutschland / Allemagne
Email: info@presses-academiques.com

Herstellung: siehe letzte Seite /
Impression: voir la dernière page
ISBN: 978-3-8381-7454-9

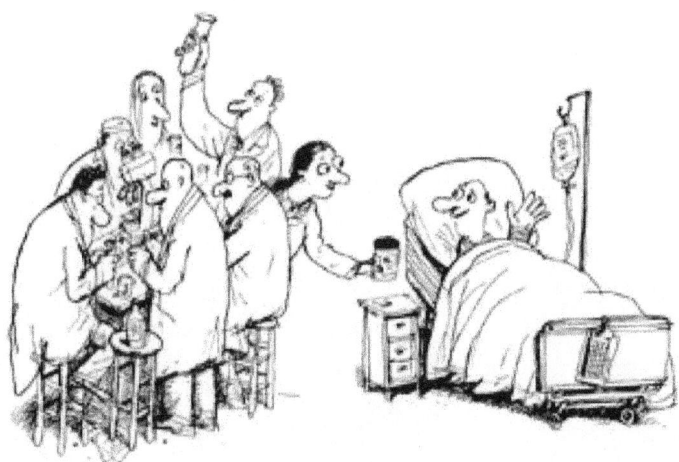

From bedside to bench

Remerciements

Remerciements

Je souhaite remercier ici, tous ceux et toutes celles qui ont participé d'une manière directe ou plus éloignée, à la réalisation de ce manuscrit. Je commencerai par remercier tous les membres du jury qui me font l'honneur d'évaluer ce travail. Je remercie très sincèrement Madame Gillian Butler-Browne et Monsieur Jacques Beckmann d'avoir accepté d'être rapporteurs de ce travail et d'y avoir consacré de leur temps que je sais précieux. J'adresse également mes sincères remerciements à Messieurs Michael Sinnreich et Phillipe Moullier pour avoir accepté de faire partie de ce jury. Enfin je tiens à exprimer toute ma reconnaissance et mes remerciements à Monsieur Jamel Chelly, pour m'avoir fait l'honneur d'en être le président.

Je tiens ici à remercier en premier lieu mon directeur de thèse : Nicolas Lévy. Nicolas. Je ne te remercierai jamais assez pour la confiance que tu m'as accordée, ton enthousiasme et pour l'amour que tu portes à ton métier. Merci d'avoir encadré tout le travail présenté ici, et de m'avoir donné les moyens de mener à bien tous les différents projets. Merci de m'avoir transmis cette formation scientifique et ta passion, à la fois directement lors de nos discussions et par les responsabilités que tu as pu me confier, ou indirectement en m'orientant vers les bonnes personnes. Ce fut vraiment un plaisir et un bonheur de travailler avec toi et les gens qui t'entourent.

Je tenais également à remercier toutes les institutions qui ont supporté ce travail telles que l'Association Française contre les myopthies et la Jain Foundation. L'ensemble des résultats qui vont y être présenté, n'aurait pas été réalisable sans votre appuie.

Il y a tellement de personnes à remercier et j'espère que je n'oublierais personne.

Merci à Claire qui m'a fait découvrir ce labo et de m'avoir formé sur une de ces thématiques de prédilection, la Progéria. Tu as toujours été là pour moi, que ce soit dans les bons et mauvais moments. Je te souhaite plein de courage et de bonheur pour la suite à toi et à ta petite famille et j'espère qu'on pourra dans l'avenir toujours au temps rigoler.

Un immense merci à Pierre Cau, qui a su m'insuffler sa passion pour la biologie cellulaire. Merci d'avoir été mon mentor et d'avoir pris le temps pour qu'on discusse de Science sur un sujet un peu lointain de tes fondements. Merci à toi pour tous les moments qu'on a passé ensemble que ce soit lors de nos débats ou en dehors du labo. Je te glisse un petit clin d'œil en confirmant effectivement que les gens qui ont été formé dans le 04 sont les meilleurs ;-)

Für Martin, Vielen danken für deine Freundschaft, deinen Freundlichkeit und Disziplin. Je suis tellement heureux de t'avoir rencontré et qu'on est pris le temps de discuter ensemble. J'espère qu'à l'avenir on aura le temps de faire un buff tous les deux, depuis le temps qu'on en parle.

Seb, je tenais, même si je pense que tu le sais déjà, à t'exprimer toute ma gratitude et reconnaissance. J'ai vraiment été plus qu'heureux de partager du temps avec toi que ce soit sur le plan professionnel au travers de cette thématique et sur le plan amical. Tu es vraiment quelqu'un d'exceptionnel et beaucoup des travaux présentés dans ce document n'aurait été possible sans toi. J'espère que j'aurai à nouveau l'immense plaisir de travailler avec toi.

Un grand merci à la maman du laboratoire Valérie, qui a, même si ce n'était pas rose entre nous au tout début, a su s'occuper de moi malgré le peu de temps qu'elle avait. Je n'oublierai jamais ton soutien lors de mon M2 et de mes premières années de thèse, notamment sur la gestion d'un budget et des choses administratives qui l'entourent. Je te promets que je te laisserai un petit coin de bordel pour ne pas que tu m'oublies comme une bouteille pleine d'huile de vidange ;-)

Marc, le petit dernier mais pas des moindres. Marc que dire de plus, que MERCI. Même si tu es arrivé que depuis deux ans, tu as toujours été là, depuis, à mes cotés. Tu es vraiment une personne adorable, très cultivé et très intelligente. Je sais que mes fonds bleu jean vont te manquer mais je tenais vraiment à te remercier de m'avoir épaulé sur ce sujet et d'en prendre si bien soin à présent. Un grand merci aussi pour ta rigueur et tes conseils aussi bien scientifiques qu'humains.

Un grand merci à toutes les personnes de notre équipe : Irène pour tes conseils pratiques, Tarik pour nos grandes discussions, Cécile pour notre amitié, Samantha et Yannick pour nos moments gamer et délire, Cathy et Gaëlle, Chokri, et les petits anciens/nouveaux comme Clothilde pour nos discussions sur les simpson, Sitraka, Christelle, Camille pour notre amitiés et nos délires, n'oublies d'ailleurs pas les touillettes et le sirop de pêche, et bien sur Marianne, pour tout ce que tu m'apportes au quotidien. C'est vraiment un immense bonheur de travailler et de vous fréquenter tous les jours. Merci pour tout.

A France et son équipe, même si on ne s'est vu que pendant une petite semaine, je ne te remercierai jamais assez pour tout ce que tu m'as apportée aussi bien ton aide, tes conseils, que ton amitié.

Un grand merci également à toute l'équipe de Luis : Aurélie, Valérie, Cyriaque, Guillaume, Grazou, PO, Luis bien sur et j'en oublie surement. Vous êtes vraiment des personnes adorables et géniales que ce soit sur les plans humain et scientifique. J'ai vraiment passé d'excellents moments avec vous. J'espère qu'on vraiment qu'on se reverra bientôt.

Je tiens également remercier toutes les personnes de l'hôpital sans qui une partie de ces travaux n'aurait été possible, notamment Karine, Patrice B et Patrice R, Ana, Raf, Véro, Jean Pouget, Eric, Christophe, Philippe, Michèle, Sophie. J'ai vraiment adoré travailler avec vous et j'espère que c'est réciproque.

Je voudrais également remercier les personnes du service de cytométrie de flux qui m'ont guidées et conseillées telles que Chantal Fossat et toutes ses techniciennes.

Un grand merci à tous les membres de l'unité 910 (ex491) pour vos conseils, votre temps, votre bonne humeur, votre générosité. Ne changez jamais car c'est vraiment un privilège de travailler avec vous. Je tiens d'ailleurs à remercier tout particulièrement MG, Danielle, Mike et JC pour vos conseils et votre gentillesse, Eric pour ta confiance et ton amitié, Fanny pour ta bonne humeur et tes blagues si particulière, Jenn pour tous les bons moments qu'on a passé ensemble, que ce soit nos délires et autres, Reina ma petite libanaise au grand coeur, Elsa N pour les moments qu'on a partagé, Elsa K pour notre soutien mutuel en M2, Manue pour nos délires du dimanche, Lucile pour ta bonne humeur et ta sympathie, ça m'a fait drôle qu'on se retrouve dans le même labo après toutes ces années, Sandrine pour notre amitié, notre soutien mutuel et nos délires, Judith la petite reine du PML body. Vraiment un immense merci à vous tous pour tes ces moments passés en votre compagnie.

Je tiens également à remercier Evelyne, Claudine Christelle et Danielle, les soldats de l'ombre sans qui nous passerions de longues heures à faire de la paperasse. Je tenais vraiment à toutes vous remercier pour votre gentillesse et l'amitié que vous m'avez montrées au cours de ces différentes années.

Un grand merci également aux différentes personnes de Généthon comme William, Daniel et Isbelle. Je suis vraiment heureux d'avoir fait votre rencontre.

Je tenais également à remercier toutes les personnes de ma famille en particulier mes parents, ma sœur, mes grands parents et mon oncle et ma tante pour m'avoir soutenu pendant toutes ces années. Je sais que vous vous inquiétez pour moi mais je vous remercie de la confiance que vous m'accordez.

Un grand merci également à Axel avec qui j'ai effectué mon cursus fac. Merci pour tous les bons et mauvais moments qu'on a passé ensemble, pour tous nos délires simpsonesques et bien d'autres. Je n'aurai qu'une chose à te dire : file droit sinon gare aux pompes.

Je tenais également à remercier les différents membres des PhD avec qui j'ai vraiment passé de bon moment même dans les heures les plus sombres. Et comme dirait un célèbre groupe de rock : « for those about to rock, we salute you !!! »

Egalement un grand merci à tous mes amis (Lionel, Aurélie, Myriam, DD, Christophe, Angélique, Guillaume, Pierrot et j'en oublie certainement) qui malgré les années et ma disponibilité limitée sont toujours présents.

A virginie et Florian, à qui je laisse la lourde charge de continuer ce sujet à la fois passionnant mais un peu délicat que sont les dysferlinopathies. Vous êtes deux personnes formidables que je suis vraiment content et fier d'avoir eu sous ma « tutelle » et qui sont en plus d'être de bons thésards, maintenant de très bons amis. Je ne vous remercierai jamais assez tous les deux pour les bons moments qu'on a passé ensemble.

Et finalement et mais pas des moindres, un immense merci à Emilie, qui m'a soutenue et supportée pendant un très grosse partie de ma thèse et qui a toujours su être compréhensive malgré les horaires que je faisais et à mes cotés pour me rassurer et me réconforter. Je regrette et m'excuse que tu n'es pas pu voir la finalité de ce travail.

PREAMBULE

L'équipe qui m'a accueilli pour mon stage de M1 est à la fois centre de référence national du diagnostic des dysferlinopathies et travaille en parallèle sur les syndrômes progéroïdes et les neuropathies telles que la maladie Charcot-Marie-Tooth (CMT). A la fin de mon travail de M1 qui portait sur les syndromes progéroïdes, le Pr. Levy m'a proposé de continuer en M2 dans son équipe en me laissant le choix entre deux thématiques différentes : les laminopathies et les syndromes progéroïdes associés ou les dysferlinopathies, une nouvelle thématique dans son laboratoire. Cette thématique, émergente au sein de l'équipe, me séduit puisqu'elle permettait d'explorer de nombreuses facettes de la pathologie : un versant permettant le développement de nouveaux outils pour en faciliter le diagnostic, un aspect permettant l'étude, par la biologie cellulaire, du rôle de la dysferline dans la réparation membranaire et finalement un versant dédié à l'exploration de différentes thérapies envisageables dans le contexte des dysferlinopathies. Cependant, même si ce sujet paraissait passionnant, l'unité et l'équipe dans laquelle je débutais, n'utilisaient aucun des modèles cellulaires et presque aucunes des techniques que j'allais devoir employer. Ainsi, j'ai été amené à apprendre et développer ces nouveaux outils au laboratoire en me basant sur les publications et l'expérience acquise au cours des nombreux stages de formation que j'ai été amené à effectuer à Paris dans les laboratoires de Jamel Chelly et Luis Garcia et à Munich dans le laboratoire de Hanns Lochmüller. Pour financer ces travaux nous avons été aidés par deux associations de malades : d'une part l'Association Française contre les Myopathies (AFM) et d'autre part la Fondation Jain (Wa, U.S.A)

Le projet initial et mon travail de M2/thèse envisageaient d'explorer les aspects diagnostiques, fonctionnels et thérapeutiques des dysferlinopathies. Comme nous le verrons dans l'introduction, les dysferlinopathies constituent un ensemble hétérogène de pathologies dont le diagnostic n'est pas aisé en raison notamment de la grande taille du gène *DYSF* et de la diversité des mutations identifiées. Dans un deuxième temps, je détaillerai les différents mécanismes de réparation membranaire puisque la dysferline a été montrée comme étant impliquée dans ce phénomène. Finalement, j'évoquerai la faisabilité des stratégies thérapeutiques, appliquées dans d'autres dystrophies musculaires, telle que la dystrophie musculaire de Duchenne de Boulogne (DMD), en discutant notamment la pertinence de leurs utilisations dans le cadre des dysferlinopathies. Les principaux résultats de ce travail de thèse seront ensuite présentés et discutés dans une deuxième partie. Enfin, en dernier lieu, nous discuterons des conséquences de ce travail, en les replaçant dans leur contexte. L'ensemble des travaux réalisés, est à la base de la création d'une nouvelle thématique à part entière, dédiée aux dystrophies musculaires. Ce groupe de recherche comprend maintenant un chercheur (CR1-CNRS), un maitre de conférences des universités et praticien hospitalier (MCU-PH), un ingénieur d'étude et deux nouveaux étudiants en thèse.

SOMMAIRE

2   RESULTATS ET DISCUSSIONS DES RESULTATS

3 DISCUSSIONS ET PERSPECTIVES

4   CONCLUSION GENERALE

LISTE DES ABREVIATIONS

2'Ometh-PS : 2'-O-méthyl phosphorothioates

Aa : acide aminé

AAV : virus associé aux adénovirus

ADN : acide désoxyribonucléique

ADNc : ADN complémentaire

AON : oligonucléotide antisens

ARN : acide ribonucléique

ATP : adénosine triphosphate

CGH : hybridation génomique comparative

CMH : complexe majeur d'histocompatibilité

CNV : variabilité du nombre de copies

CpK : créatine phosphokinase

Cy : cyanine

DACM : myopathie du compartiment distal antérieur

DCM : mutation délétère causative

dHPLC : chromatographie liquide haute pression en phase liquide dénaturante

DHPR : récepteur aux dihydropyridines

DMD : dystrophie musculaire de Duchenne de Boulogne

E. coli : *Escherichia Coli*

ECM : matrice extracellulaire

ESE : séquence activatrice d'épissage

ESS : séquence inhibitrice d'épissage

FACS : cytométrie de flux

IF : immunofluorescence

Ig : immunoglobuline

IHC : immunohistochimie

ITR : séquences terminales répétées inverses

IV : intraveineuses

IVS : variant d'épissage intronique

Kb : kilobase

kDa : kilodalton

LDH : déshydrogénase lactique

LGMD2B : dystrophie musculaire des ceintures

LTR : séquences terminales répétées longues

Lv : lentivirus

MG53 : mitsugumine 53

microDys : microdystrophine

minidys : minidystrophine

MLPA™ : amplification multiplex de sondes ligation-dépendante

MM : myopathie distale de Miyoshi

NLS : signal de localisation nucléaire

NMD : pathologie neuro-musculaire

ORF : cadre de lecture ouvert

PBMC : cellules mononucléées du sang périphérique

PCR : réaction de polymerisation en chaîne

PD : proximo-distal

PTC : codon stop prématuré

pTT : précurseur des tubules-T

Q-PCR : PCR quantitative

rAAV : AAV recombinant

RT : rétro-transcription

RTQ-PCR : RT-PCR quantitative

RyR : récepteur à la ryanodine

SR : réticulum sarcoplasmique

tc-DNA : ADN-tricyclo-

TDM : tomodensiométrie

UTR : region terminale non transcrite

WB : western blot

WBFC : cytométrie de flux sur sang totale

ETAT DES CONNAISSANCES

1. LES DYSFERLINOPATHIES

2. LA DYSFERLINE

3. LES THERAPIES

- ETAT DES CONNAISSANCES -

5   LES DYSFERLINOPATHIES :

Les pathologies dues à une anomalie des fibres musculaires sont regroupées sous le terme de myopathies et sont caractérisées par une atrophie musculaire conduisant le plus souvent à une altération et à une perte des fonctions motrices. Elles se répartissent en deux grands groupes : les myopathies d'origine génétique et les myopathies acquises (http://www.musclegenetable.org/).

Plus de 80 myopathies d'origine héréditaire ont été décrites. Elles peuvent être classées en plusieurs sous catégories en fonction de l'atteinte musculaire : les dystrophies musculaires progressives, les myopathies distales, les myopathies à excès de filaments, les myopathies congénitales, les syndromes myotoniques, les paralysies périodiques et les myopathies métaboliques. Parmi ces pathologies, le groupe le plus complexe est celui des dystrophies musculaires qui comprend au moins 25 pathologies différentes dont les dystrophies des ceintures (LGMD pour Limb Girdle Muscular Dystrophy) (Tableau 1).

Tableau 1 : Dystrophies musculaires des ceintures de transmission autosomique récessive (LGMD1).

Pathologie	Locus	Gène	Protéine	Taux de CpK	Age de début	symptômes
LGMD1A	5q31	*TTID* ou *MYOT*	Myotiline	1 à 3 x N	adulte	Faiblesse proximale
LGMD1B	1q21.2	*LMNA*	Lamine A/C	1 à 3 x N	Tout âge	Faiblesse des membres proximaux inférieur
LGMD1C Cavéolinopathie	3p25	*CAV3*	Cavéoline-3	3 à 10 × N	Tout âge	Crampes Légère faiblesse proximale
LGMD1D	6q23 CMD1F	Inconnu	Inconnue	2 à 4 x N	<25 ans	cardiomyopathie dilatée faiblesse des muscles proximaux
LGMD1E	7q	Inconnu	Inconnue	1 à 3 x N	9-49 ans	Proximale du membre inférieur et de la faiblesse du membre supérieur
LGMD1F	7q31.1-32.2	Inconnu	Inconnu	1 à 20 x N	1-58 ans	Proximale du membre inférieur et de la faiblesse du membre supérieur
LGMD1G	4q21	Inconnu	Inconnu	1 à 9 x N	30-47 ans	faiblesse proximale des membres inférieurs

Tableau 2 : Dystrophies musculaires des ceintures de transmission autosomique récessive (LGMD2).

Pathologie/ Forme	Locus	Gène	Protéine	Taux de CpK	Age de début	Atteintes
2A Calpainopathie	15q15.1-q21.1	*CAPN3*	Calpaine-3	10 × N	2-15	Proximale: extenseurs de la hanche et adducteurs, décollement scapulaire
2B Dysferlinopathie	2p13.3-p13.1	*DYSF*	Dysferline	Parfois > 100×N	17-25 ans	Distale et/ou proximale (pas de décollement de l'omoplate)
2C Gamma-Sarcoglycanopathie	13q12	*SGCG*	Gamma-Sarcoglycane	Au moins 10×N	Tout âge, enfance++	Faiblesse proximale
2D Alpha-Sarcoglycanopathie	17q12-q21.3	*SGCA*	Alpha-Sarcoglycane ou Adhaline	Au moins 10×N	Deuxième décennie	Faiblesse proximale
2E Beta-Sarcoglycanopathie	4q12	*SGCB*	Beta-Sarcoglycane	Au moins 10×N	Deuxième décennie	Faiblesse proximale
2F Delta-Sarcoglycanopathie	5q33	*SGCD*	Delta-Sarcoglycane	Au moins 10×N	Très variable	Faiblesse proximale
2G Telethoninopathie	17q12	*TCAP*	Telethonine	Au moins 10×N	Première décennie	Proximales et distales des membres inférieurs; proximale des membres supérieurs
2H	9q31-q31.1	*TRIM32*	Protéine à motif tripartite 32	Au moins 10×N	Première décennie	Proximales des membres inférieurs et cou
2I	19q13.3	*FKRP*	Protéine de la famille de la Fukutine	Au moins 10×N	Deuxième décennie	Proximale, membre supérieur
2J	2q31	*TTN*	Titine	Rares cas : très Élevées	5-25 ans	Proximale
2K	9q34.1	*POMT1*	Protéine-O-Mannosyl-Transférase	Au moins 10×N	1-3 ans	légère faiblesse proximale
2L	11p13-p12	*ANO5*	Anoctamine	4 à 45 x N	12 ans	Proximale et distale
2M	9q31	*FKTN*	Fukutine	4 à 45 x N	4 mois- 4 ans	Proximale, membre supérieur
2N	14q24.3	*POMT2*	Protein O-mannosyl-transférase 2	4 à 45 x N	18 mois et asymptomatic à 5 ans	hypertrophie des mollets

La dystrophie musculaire des ceintures de type 2B (LGMD2B, OMIM 253601)(Bashir et al., 1998), la myopathie distale de Miyoshi (MM, OMIM 254130)(Aoki et al., 1999; Aoki et al., 2001) et la myopathie du compartiment distal antérieur (DACM, OMIM 606768)(Illa et al., 2001) sont trois pathologies dues à des anomalies dans le même gène, *DYSF,* qui code une protéine appelée dysferline, protéine impliquée dans le processus de réparation membranaire comme décrit dans le chapitre 2. Cet ensemble de pathologies regroupées sous le terme de dysferlinopathies (Ueyama et al., 2002), est cliniquement hétérogène (Figure 1), les premiers symptômes apparaissant entre 15 et 35 ans.

De nombreux autres gènes impliqués dans les formes récessives des dystrophies des ceintures ont été identifiés (Pour revue, lire (Daniele et al., 2007).

5.1 PRESENTATION CLINIQUE DES DYSFERLINOPATHIES PRIMAIRES :

Les dysferlinopathies primaires sont un ensemble de dystrophiess musculaire à transmission autosomique récessive, dues à des mutations dans le gène *DYSF.* Ces dysferlinopathies primaires sont à différencier des dysferlinopathies secondaires puisque celles-ci sont dues à des anomalies dans d'autres gènes qui entraînent une réduction mais secondaire du taux de dysferline.

5.1.1 SPECTRE PHENOTYPIQUE :

Les dysferlinopathies primaires ont certaines caractéristiques communes parmi lesquelles, un début chez le sujet jeune, une évolution lente de la maladie et une élévation importante du taux de créatine phosphokinase ou CpK (de 10 à 100 fois la valeur normale). Une des caractéristiques les plus frappantes des dysferlinopathies est le processus nécrotique retrouvé dans le muscle. Des infiltrats de cellules immunitaires sont fréquemment observés dans ces pathologies, surtout au début de la maladie (Confalonieri et al., 2003; Fanin and Angelini, 2002; Gallardo et al., 2001; Hoffman et al., 2002; McNally et al., 2000; Selva-O'Callaghan et al., 2006). Ces infiltrats diffèrent, d'un point de vue immunologique et cytologique, de ceux classiquement retrouvés dans les polymyosites (PM) (les macrophages sont deux fois plus nombreux chez les patients atteints de dysferlinopathies, tandis que les cellules CD8+ sont, chez eux, moins abondantes) (De Luna et al., 2010; Gallardo et al., 2001; Matsubara et al., 2001). Une mauvaise interprétation de ces infiltrats inflammatoires peut donc conduire à une erreur de diagnostic (Vinit et al., 2010). Dans des études rétrospectives (Nguyen et al., 2007), près de 25% des patients LGMD2B/MM avaient initialement eu un diagnostic de polymyosite, qui est l'une des myopathies inflammatoires la plus courante chez les adultes. Cette confusion peut malheureusement conduire à l'usage de thérapeutiques inutiles voire dangereuses telles qu'une administration orale de corticostéroïdes ou d'immunosuppresseurs qui présentent des risques à long terme.

Même si les complications cardiaques et respiratoires ne font pas partie des formes traditionnelles de dysferlinopathies, une étude récente (Wenzel et al., 2007) a démontré l'existence de manifestations cardiaques (cardiomyopathie dilatée, hypertrophie ventriculaire, anomalies de l'électrocardiogramme) dans une petite série de patients. L'association entre dysferlinopathies et cardiomyopathies est donc encore un sujet débattu. Certains auteurs plaident pour son caractère anecdotique pensant que cette complication cardiaque peut être négligée chez les patients alors que d'autres mettent en avant les données accumulées à partir de modèle murin présentant naturellement une dysferlinopathie (souris SJL) (Choi et al., 2010; Han et al., 2007; Wenzel et al., 2007).

Il est à noter que la plupart des patients ne montrent aucun signe de faiblesse musculaire dans l'enfance et un nombre significatif d'entre eux excellent dans les activités sportives et physiques, chose assez inhabituelle dans les dystrophies musculaires. (Klinge et al., 2010a; Urtizberea et al., 2008).

Malgré le nombre important de mutations recensées dans le gène *DYSF*, aucune corrélation génotype-phénotype n'a pu être mis en évidence (Illarioshkin et al., 2000; Mahjneh et al., 2001; Nakagawa et al., 2001; Takahashi et al., 2003; Ueyama et al., 2002; Walter et al., 2003; Weiler et al., 1999). En effet, le type de mutation n'est pas corrélé avec la sévérité du phénotype, ni même avec la présentation clinique. Un des meilleurs exemples illustrant ce point est que, au sein d'une même famille, trois phénotypes cliniques (MM, LGMD, DACM) (Illarioshkin et al., 2000) peuvent être dûs à la même mutation (TG573/574AT ; p.Val67Asp). De plus, l'étude de (Nguyen et al., 2007) a mis en évidence chez de nombreux patients, l'atteinte initiale qu'elle soit distale (MM) ou proximale (LGMD2B) évolue vers une atteinte proximi-distale. *Il est donc évident que d'autres facteurs génétiques ou environnementaux interviennent dans les dysferlinopathies.* J'ai au cours de ma thèse, essayé d'identifier de tels facteurs. De la même manière, il n'existe aucune corrélation entre le taux résiduel de dysferline détecté par l'anticorps NCL-Hamlet1 et la sévérité de la maladie (Guglieri et al., 2008; Tagawa et al., 2003; Takahashi et al., 2003). Toutefois, il est à noter que cet anticorps, qui reconnait un épitope localisé en c-terminal de la dysferline, ne permet pas de détecter les protéines tronquées. *Il est donc certain que l'utilisation de nouveaux anticorps plus performants et reconnaissant un épitope N-terminal permettrait d'améliorer à la compréhension de cet ensemble de pathologies et d'expliquer les divergences phénotypiques observées.*

Tableau 3 : Myopathies distales

Pathologie/ Forme	Locus	Gène	Protéine	Taux de CpK	Age de début	Atteintes
la myopathie de Laing	14q12	MYH7	chaîne lourde de la myosine	10-150 × N	début infantile	début à la loge antérieure des jambes
la myopathie de Nonaka	9p13.3	GNE	GNE	10-150 × N	début chez l'adulte jeune	début à la loge antérieure des jambes épargne des quadriceps
la myopathie de Miyoshi	2p13.3-p13.1	DYSF	Dysferline	> 100 ×N	17-25 ans	atteinte distale début à la loge antérieure des jambes
la myopathie de Welander	2q22	NEB	Nebuline	N	quatrième décennie	début à la loge antérieure des jambes inclusions tubulo-filamentaires atteinte des muscles des mains
la myopathie de Udd/ Markesbery-Griggs	2q31	TTN	Titine	N	quatrième décennie	début à la loge antérieure des jambes
myopathie distale avec faiblesse des cordes vocales	5q31.2	MATR3	Matrine 3	N	quatrième décennie	faiblesse des jambes (muscles péroniers) et des mains faiblesse des cordes vocales et du pharynx

5.1.1.1   LA MYOPATHIE DE MIYOSHI

Découverte au Japon en 1963 (Miyoshi et al., 1963), la myopathie de Miyoshi est le premier phénotype de dysferlinopathies à avoir été décrit (MM ; #OMIM 254130). Cette pathologie touche de façon prédominante la loge postérieure de la jambe. La Myopathie de Miyoshi est la forme de dysferlinopathies la plus reconnaissable. C'est aussi une des formes les plus courantes de myopathie distale autosomique récessive (cf Tableau 2 : Les myopathies distales).

Elle est caractérisée par une faiblesse musculaire, touchant initialement les muscles jumeaux (gastrocnémien) vers la fin de l'adolescence ou chez le jeune adulte (Nonaka, 1999; Serratrice et al.,

2002; Urtizberea et al., 2008). Au stade précoce de la maladie, les taux sériques d'enzymes musculaires (créatine kinase, déshydrogénase lactique (LDH), aldolase) sont massivement élevés et l'histologie du muscle révèle un tableau dystrophique avec de nombreux foyers inflammatoires. Dans un premier temps, généralement vers la fin de l'adolescence ou chez le jeune adulte, les patients se plaignent de douleur et gonflement avec des difficultés à se mettre sur la pointe des pieds. Après un certain temps, d'autres symptômes commencent à apparaître tels que des difficultés à se tenir accroupi, des épisodes de sub-luxation de la cheville et le pied tombant (signifiant une atteinte du compartiment antérieur de la jambe). Au fil du temps, la faiblesse musculaire peut s'étendre aux muscles du bassin et aux membres supérieurs. L'atrophie partielle des muscles du biceps brachial se traduit parfois par le phénomène de la «Boule du biceps» (Eymard et al., 2000). La progression de la maladie est généralement lente, durant des décennies, mais 10-20% des patients vont néanmoins dépendre de l'usage d'un fauteuil roulant.

5.1.1.2 LA MYOPATHIE DES CEINTURES DE TYPE 2B (LGMD2B)

La LGMD2B fait partie de la grande famille des dystrophies musculaires qui touche plus spécifiquement les muscles des ceintures.

Génétiquement et cliniquement hétérogènes, les dystrophies musculaires des ceintures ou « Limb Girdle Muscular Dystrophies » (LGMD) ont été historiquement regroupées selon des critères histologiques et biochimiques : une atteinte prédominante de la musculature des ceintures pelviennes et scapulaires et une élévation du taux sérique de créatine phosphokinase (CpK). Sur le plan histologique, des profils de nécrose/régénération avec des centronucléations (signature d'un processus de régénération) et infiltrations macrophagiques, sont des caractéristiques de la dégénérescence musculaire (Fardeau et al., 1996).

Ces LGMD peuvent être classées en fonction de leurs modes de transmission : les LGMD1 et LGMD2 désignent respectivement les formes dominantes et récessives (Bushby and Beckmann, 1995). A ce jour, 22 formes ont été identifiées et sont classifiées selon cette nomenclature (LGMD1A à 1H et LGMD2A à 2M) (Bisceglia et al., 2010; Bushby, 2009). Sur ces 22 formes, on a découvert les gènes responsables de 18 de ces maladies et 4 ont simplement un locus associé.

Le groupe des formes récessives est plus diversifié que celui des formes dominantes et l'incidence dans la population générale a été estimée à 6 personnes sur 100 000 (Piluso et al., 2005). Au sein de ce groupe, deux formes sont les plus répandues (hors isolats génétiques) : les formes LGMD2A constitueraient environ 35% des cas (incidence ~1:42 700, taux d'hétérozygotes ~1:103) et les formes LGMD2B environ 10% (incidence 1 :150 000, taux d'hétérozygotes ~1:194) (estimations des pourcentages d'après http://www.geneclinics.org; estimations de l'incidence et des taux d'hétérozygotes, effectuées par des déductions/calculs basés sur les lois de Hardy- Weinberg).

9

Toutefois, en l'absence de registre international complet de patients, la prévalence globale des dysferlinopathies est encore difficile à estimer précisément. Parmi les myopathies des ceintures, les dysferlinopathies apparaissent désormais comme la deuxième cause la plus fréquente de dystrophies musculaires autosomiques récessives chez l'adulte (Moore et al., 2006). Des mutations spécifiques à certaines populations et des effets fondateurs ont été décrits dans des communautés comme les juifs issus de la population arabe et, plus récemment, chez les juifs originaires de la région du Caucase (Argov et al., 2000; Leshinsky-Silver et al., 2007). De même, des mutations récurrentes dans des familles indépendantes ont été recueillies au Japon, en Italie et en Espagne (Cagliani et al., 2003; Vilchez et al., 2005). Décrite pour la première fois en 1998 (Nat Genet. 1998 Sep;20(1):37-42.), la LGMD 2B (OMIM #253601) affecte de façon prédominante la ceinture scapulaire et possède beaucoup de similitudes phénotypiques avec les autres formes de dysferlinopathies, dont notamment des difficultés à la montée d'escaliers, un taux élevé d'enzyme sérique musculaire et de nombreux foyers inflammatoires (Figure 1). L'âge d'apparition est aussi vers la fin de l'adolescence, et la progression est généralement lente. La répartition de la faiblesse musculaire, bien que sélective, est prédominante dans les muscles pelviens alors que les muscles de la ceinture scapulaire sont plus légèrement touchés. Une participation distale (dans le bas des jambes) peut se produire, après des années, et peut aussi aboutir au phénomène de pied tombant décrit dans la MM (Mahjneh et al., 2001).

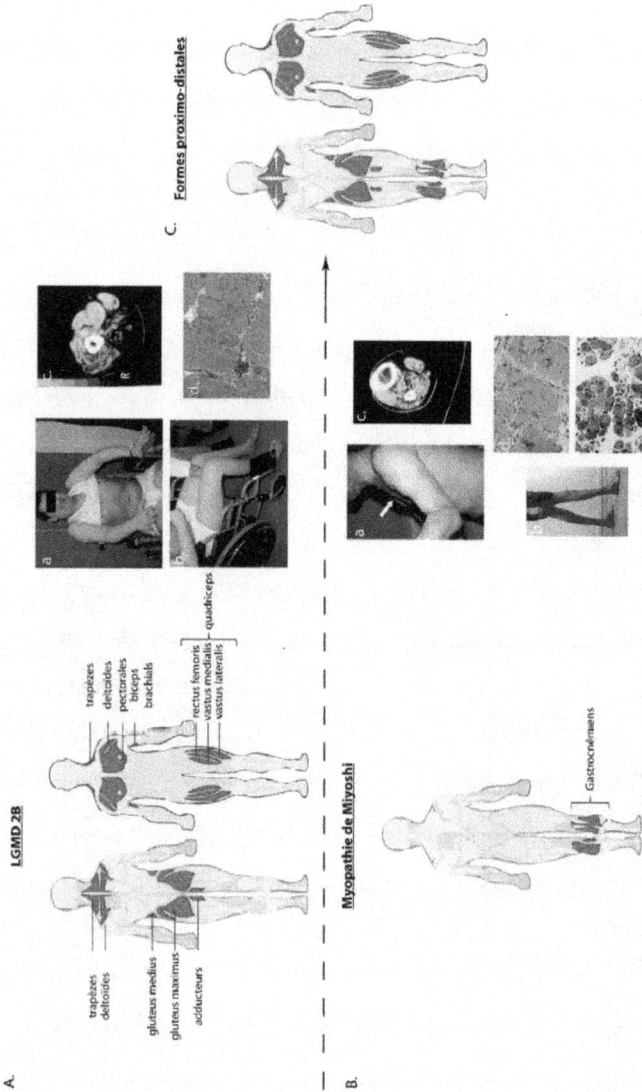

A. LGMD 2B

trapèzes
deltoïdes
pectorales
biceps
brachials
rectus femoris
vastus medialis — quadriceps
vastus lateralis

trapèzes
deltoïdes
gluteus medius
gluteus maximus
adducteurs

B. Myopathie de Miyoshi

Gastrocnémiens

C. Formes proximo-distales

Figure 1: Présentation clinique des deux formes typiques de Dysferlinopathie primaire: LGMD 2B et Myopathie de Miyoshi
A et B. Représentation schématique des muscles atteints dans la LGMD2B et dans la myopathie de Miyoshi. a et b. photographies des muscles des patients *(images d'archives transmises par G. Bassez et K. Nguyen)*. c. exemples de tomodensitométrie montrant la sélectivité de l'atteinte. d. marquage histologique des coupes de muscles de patients atteints de dysferlinopathies, permettant de mettre en évidence les infiltrats inflammatoires et la centronucléation. C. Evolution des LGMD2B et des MM vers une atteinte proximo-distale.

11

Parce que le déficit en dysferline est désormais dépisté plus régulièrement, un nombre croissant de variants cliniques a été rapporté dans la littérature .(Guglieri et al., 2008; Nguyen et al., 2005; Okahashi et al., 2008; Ueyama et al., 2002).

5.1.1.3 LA MYOPATHIE DES COMPARTIMENTS ANTERIEURS DISTAUX (DACM)

La DACM (myopathie distale affectant les compartiments antérieurs (OMIM #606768) (Illa et al., 2001) ou également dénommé DMAT) est une nouvelle entité décrite pour la première fois en 2001 (cf Tableau 2 : Myopathies distales). Même si la DACM possède certaines caractéristiques communes avec la MM, c'est le muscle tibialis antérieur qui est le premier muscle touché. Au fil de l'évolution, la faiblesse musculaire s'étend également vers la loge postérieure. Cependant, il est à noter que ce phénotype a rarement été observé ou reporté.

5.1.1.4 PHENOTYPE PROXIMO-DISTAL ET AUTRE PHENOTYPE

Un autre sous-groupe de dysferlinopathies a également été rapporté sous le nom de «proximo-distal (PD), avec un déficit à la fois proximal et distal. Une étude sur une cohorte de 40 patients tend à montrer qu'il s'agit d'une présentation clinique fréquente au moment du diagnostic (Nguyen et al., 2007). Cette présentation résulte en grande partie soit d'une évolution d'une MM dont l'atteinte devient plus proximale, soit d'une LGMD2B qui évolue vers la partie distale du membre inférieur.

Il existe également d'autres phénotypes plus atypiques où la maladie se manifeste par un trouble pseudo-métabolique avec intolérance à l'effort, des myalgies et des crampes. Fait intéressant, plusieurs auteurs ont rapporté que l'apparition de la maladie peut être très asymétrique, unilatérale, avec ou sans myalgies des mollets. De manière plus surprenante, un cas de dysferlinopathie avec des mouvements choréiques a été décrit et associé à une dégénérescence musculaire spinale (Seror et al., 2008). De même, deux formes de myopathie congénitale liées à une mutation dans le gène *DYSF* ont également été identifiées (Paradas et al., 2009).

Comme nous venons de le voir, la diversité phénotypique des dysferlinopathies et l'implication du phénomène inflammatoire rendent le diagnostic clinique des dysferlinopathies difficile et seul le diagnostic moléculaire permet de valider les observations cliniques.

5.2 STRATEGIE DIAGNOSTIQUE

En raison de la grande taille du gène *DYSF* (55 exons répartis sur 250kb d'ADN génomique), une stratégie pluridisciplinaire est nécessaire avant de confirmer le diagnostic chez les patients ayant une suspicion de dysferlinopathies. Ce diagnostic repose donc sur la combinaison des données de l'examen clinique suivi de l'analyse protéique pour finir avec des analyses de biologies moléculaires (Figure 2).

A

Analyses cliniques, examens biologiques et CT-scan/MRI

↓

Recherche déficit en dysferline (biopsie musculaire/monocyte)
par immunohistochimie et/ou western blot

↓

Criblage moléculaire par dHPLC

éventuellement ↙ ↘

Exploration ARNm
(RT-PCR)   Séquencage direct
                  du fragment

↓

Séquencage

B

exon ▨   exon alternatif ▨

C

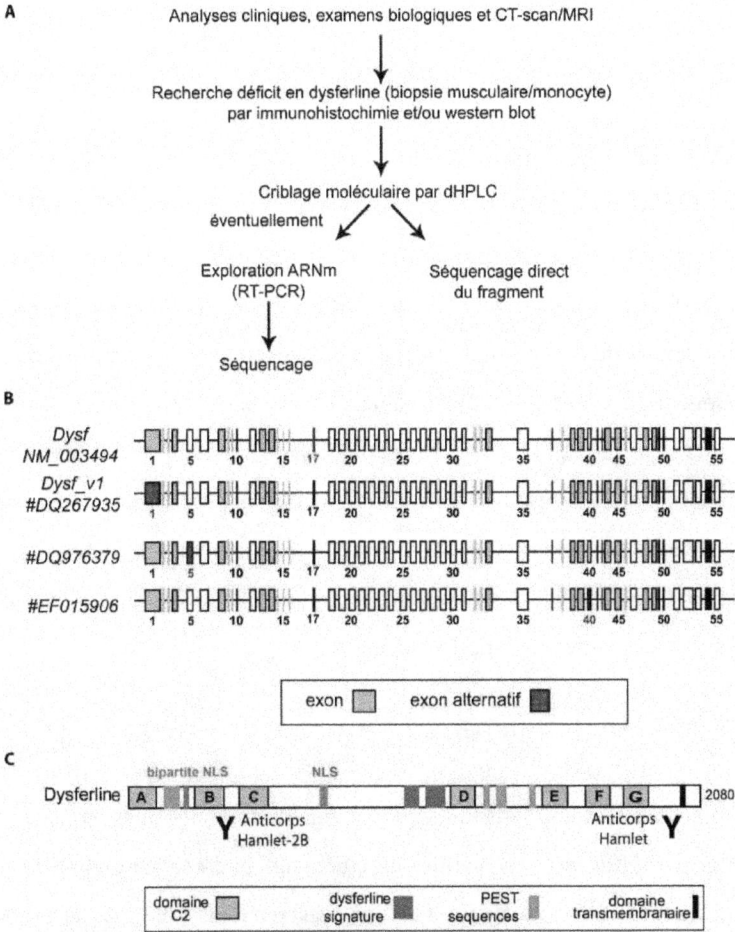

Figure 2 - Stratégie globale pour le diagnostic.
A. Stratégie diagnostique multi-étape pour dépister et diagnostiquer les dysferlinopathies. B. Représentation schématique des différents transcrits de la dysferline (en bleu foncé sont représentés les exons alternatifs). C. Représentation schématique de la dysferline avec positionnement des deux principaux anticorps monoclonaux commerciaux reconnaissant la dysferline.

5.2.1 ORIENTATION DU DIAGNOSTIC

L'orientation du diagnostic est réalisée, suite à l'examen clinique, avec la constitution d'un arbre généalogique permettant d'orienter le diagnostic vers le mode de transmission autosomique récessif. Puis un bilan biologique (CpKs) est effectué. Souvent des analyses d'imagerie (tomo-densitométrie ou IRM (imagerie par résonance magnétique) sont réalisées (Nguyen et al., 2007; Paradas et al., 2010; Ueyama et al., 2002; Ueyama et al., 2001). Ces techniques d'imagerie permettent de mettre en évidence une régression graisseuse des groupes musculaires, en complément de l'examen clinique et donc de montrer l'existence d'une sélectivité musculaire. Elle apporte des arguments en faveur de certains types de LGMD ou de myopathies distales.

5.2.2 RECHERCHE D'UN DEFICIT PROTEIQUE

La seconde étape dans le diagnostic des dysferlinopathies, consiste à vérifier par différentes techniques de biochimie, la présence ou l'absence de dysferline. Cela peut être fait par western blot (WB), à partir de protéines extraites d'une biopsie musculaire (Anderson and Davison, 1999) ou provenant de monocytes (Ho et al., 2002). Ces derniers permettent d'éviter une biopsie musculaire (Bashir et al., 1998).

On recherche des signes dystrophiques tels que des centronucléations ou des infiltrats inflammatoires par la technique d'immunomarquage des coupes de muscle. Toutefois l'immunohistochimie (IHC) seule est insuffisante. Un WB est systématiquement réalisé car l'interprétation de l'immunomarquage de la biopsie est parfois difficile : un infiltrat inflammatoire important peut orienter à tort vers une polymyosite. De même, dans les dysferlinopathies on peut trouver des éléments dystrophiques associés à une myopathie inflammatoire (Bashir et al., 1998; Fanin and Angelini, 2002; Hoffman et al., 2002; Jethwaney et al., 2007; McNally et al., 2000; Rawat et al., 2010; Selcen et al., 2001; Serratrice et al., 2002; Uriarte et al., 2008).

Il est très important de noter qu'un déficit protéique n'est pas toujours le signe d'une dysferlinopathie, puisqu'on peut observer un déficit secondaire en dysferline dans d'autres pathologies telles que les sarcoglycanopathies, les dystrophinopathies et les calpaïnopathies (Anderson et al., 2000; Beckmann and Spencer, 2008; Chrobakova et al., 2004; Nakamura et al., 2004). Elle peut également être observée dans les cavéolinopathies LGMD1C (Eymard et al., 2000). On parle alors de dysferlinopathies secondaires. A l'inverse, un déficit secondaire en calpaïne-3 est souvent présent dans les dysferlinopathies (LGMD2B), dans les cavéolinopathies ou dans les titinopathies (Anderson et al., 2000). C'est ainsi que pour éviter des erreurs d'orientation diagnostique, on réalise un WB multiplex permettant de mettre en évidence à la fois la dystrophine, la dysferline, les sarcoglycanes et la calpaïne 3 (Anderson and Davison, 1999).

Cependant, la technique de WB multiplex est une technique difficile nécessitant de grande quantité de matériel biologique. C'est pourquoi l'un de mes travaux de thèse a consisté à proposer une nouvelle technique permettant de rechercher une absence de la protéine dysferline.

5.2.3 DIAGNOSTIC MOLECULAIRE

En théorie, l'analyse de l'ADN permet de confirmer le diagnostic de dysferlinopathie primaire. Dans la pratique, cependant, cela reste difficile. En effet, le gène *DYSF* est grand, il s'étend sur 233 Kb et génère un transcrit de 6,244 kb (Anderson et al., 1999) (Figure 2).

De plus, il n'existe pas de mutation récurrente puisque plus de 300 mutations ont été détectées, dont certaines au niveau intronique (pour revue, Leiden Muscular Dystrophy base de données: www.dmd.nl/md.html et UMD-*DYSF* de C. Beroud en développement (Dincer et al., 2000; Guglieri et al., 2008; Krahn et al., 2009a; Nguyen et al., 2007; Selcen et al., 2001; Therrien et al., 2006). Parmi les anomalies décrites dans les dysferlinopathies, environ 24% sont des réarrangements, 7% sont des évènements insertionnels et 64% sont des mutations ponctuelles (dont 46% de mutations faux-sens, 18% de mutations non-sens et 11% de mutations introniques) (Tableau 3 et Figure 3) (Urtizberea et al., 2008). Parmi les événements de réarrangements, il est important de noter que ce chiffre est certainement sous-estimé puisque les techniques actuellement utilisées ne permettent pas de détecter les grands réarrangements génomiques. De plus, une des grandes difficultés dans le diagnostic, est de détecter les mutations hétérozygotes composites et de distinguer les événements pathogènes puisque le gène *DYSF* possède de nombreux variants non-pathogènes (polymorphismes). Etant donné qu'il n'y a pas de « hot spot mutationnel », l'intégralité du gène *DYSF* doit être analysée. Le laboratoire de Génétique Moléculaire de l'hôpital d'enfant de la Timone à Marseille réalise donc un pré-criblage mutationnel exhaustif par dHPLC (dont la sensibilité de détection est supérieure à 90%), qui est suivi par le séquençage direct des fragments présentant un profil d'élution anormal.

Dans le cas d'un profil d'élution normal et dans certains cas ciblés, une étude transcriptionnelle est réalisée. Depuis quelques mois, le séquençage complet des séquences codantes est maintenant effectué. Il est à noter qu'il existe plusieurs transcrits dysferline qui ont été caractérisés et qui ne se différencient que par la présence d'exons alternatifs : l'exon 1 ou DYSF-v1 (GenBank DQ267935), l'exon 5 bis (GenBank DQ976379), et l'exon 40a (Genbank EF015906) (Pramono et al., 2006; Pramono et al., 2009) (Figure 2b). Cependant une récente étude de l'équipe a montré que dans une cohorte de 26 patients atteints de dystrophies musculaires, aucune mutation pathogène n'avait été identifiée dans ces exons alternatifs (Krahn et al., 2010a). La recherche de mutations dans ces exons alternatifs ne semble donc pas nécessaire.

A

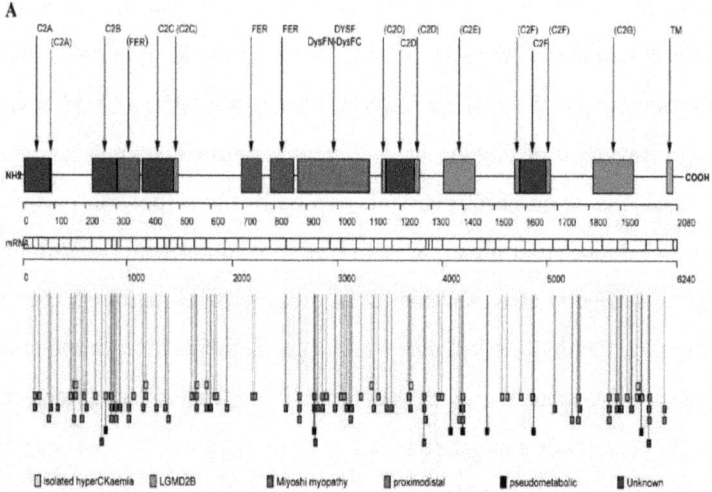

☐ Isolated hyperCKaemia ☐ LGMD2B ☐ Miyoshi myopathy ☐ proximodistal ☐ pseudometabolic ☐ Unknown

B

	Série Timone Tous phénotypes	Série Timone MM	Série Timone LGMD2B	littérature Tous phénotypes
TOTAL	152	62	51	246
Deletions et Insertions	45 (29.60%)	18 (29.03%)	15 (29.41%)	60 (24.39%)
Délétions	27 (17.76%)	11 (17.74%)	10 (19.60%)	42 (17.07%)
Délétion hors cadre	25 (16.44%)	9 (14.52%)	10 (19.60%)	42 (17.07%)
Délétion dans le cadre	2 (1.31%)	2 (3.23%)	0 (0%)	0 (0%)
Insertions	18 (11.84%)	7 (11.29%)	5 (9.80%)	18 (7.32%)
Insertion hors cadre	18 (11.84%)	7 (11.29%)	5 (9.80%)	18 (7.32%)
Insertion dans le cadre	0 (0%)	0 (0%)	0 (0%)	0 (0%)
Mutations ponctuelles	79 (51.97%)	30 (48.39%)	28 (54.90%)	158 (64.23%)
Faux-sens	39 (25.66%)	12 (19.35%)	15 (29.41%)	114 (46.34%)
Non-sens	40 (26.31%)	18 (29.03%)	13 (25.49%)	44 (17.89%)
Mutations introniques	28 (18.42%)	14 (22.58%)	8 (15.67%)	28 (11.38%)

Tableau 3 - Répartition et pourcentage des mutations dans le gène *DYSF*.
A. Distribution des mutations identifiées dans le laboratoire de Génétique moléculaire de l'Hôpital de la Timone Enfant à Marseille, dans la séquence codante du gène *DYSF* et les domaines protéiques correspondants. Dessous sont représentés les phénotypes associés.
B. Différents types de mutations pathogènes identifiées dans les cas index inclus dans l'étude de Krahn et al., 2008. Pour les hétérozygotes, les DCM sont comptées deux fois, pour les homozygotes, la DCM est comptée une fois.
(d'après Krahn et al., Hum Mutat. 2009 Feb;30(2):E345-75.)

Le séquençage complet des séquences codantes permet d'identifier 75% des mutations présentes chez les patients (Krahn et al., 2009a). Toutes ces anomalies sont référencées dans deux bases de données : Leiden muscular dystrophy (http://www.dmd.nl/) et UMD-*DYSF* (Universal Mutation Database for Dysferlin : http://www.umd.be/ (Villeger et al., 2002). Dans la base UMD-*DYSF* sont saisies toutes les données cliniques et moléculaires des patients diagnostiqués à l'hôpital de la Timone, et de la littérature. Un avantage majeur de cette base de données et qui en fait un outil précieux d'aide au diagnostic moléculaire, est l'intégration d'outils d'analyses bioinformatiques permettant d'effectuer des analyses statistiques et d'évaluer la pathogénicité de variants nouvellement identifiés (faux-sens, isosémantiques ou introniques).

Malgré les efforts développés, environ 25% des mutations et/ou d'événements de réarrangements dans le gène de la dysferline ne sont pas détectés. *Sont-ils dans des régions introniques ou dans d'autres gènes ?* Un séquençage complet du locus de la dysferline permettrait potentiellement d'identifier les mutations manquantes. Toutefois, en raison de la taille de ce locus, le séquençage complet n'était pas envisageable avec les techniques dont nous disposions lorsque j'ai débuté ma thèse. Un de mes travaux de thèse a consisté à améliorer le taux de détection de ces évènements en utilisant de nouvelles techniques de diagnostic qui permettent l'exploration moléculaire des grands gènes tels que le gène *DYSF*.

6   LA DYSFERLINE :

6.1   GENE

Chez l'Homme, le gène *DYSF* (#NM_003494) est localisé sur le bras court du chromosome 2 (2p13), et appartient à la catégorie des gènes de grande taille (Anderson et al., 1999; Aoki et al., 2001; Bashir et al., 1998) avec onze introns d'une taille supérieure à 5000bp et cinq introns d'une taille inférieure à 300bp . Sa séquence codante est, quant à elle, constituée de 6243 paires de bases, fragmentée en 55 exons de tailles relativement équivalentes (50-150bp) à l'exception de cinq petits exons (moins de 50pb : exon 10, 15, 17, 35 et 36) (Figure 3).

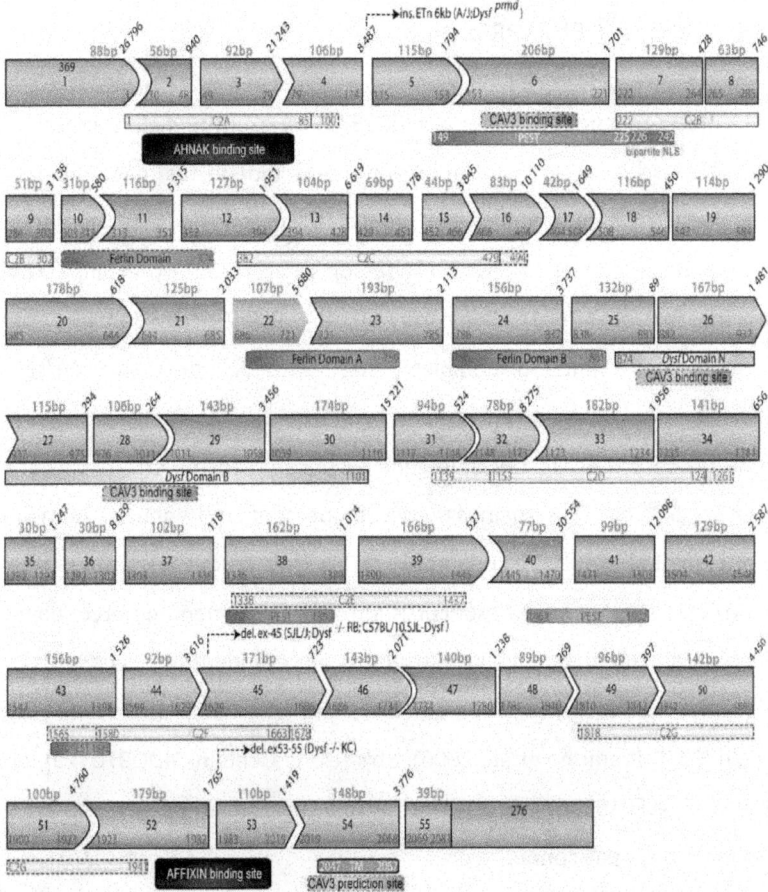

Figure 3 - Organisation du gène *DYSF*.
Représentation des 55 exons du gène humain de la dysferline (en bleu). Les boîtes rouges correspondent aux 5 'et 3' UTR. En haut de chaque exon, la longueur en paires de bases est indiquée. A l'intérieur des boîtes, la position du premier résidu et du dernier est écrite en rouge. En dessous de chaque exon sont représentées les prédictions bio-informatiques des domaines protéiques (ScanProsite : ligne solide et Pfam : ligne pointillée). Les longueurs des introns sont mentionnées entre les exons. De même, les flèches pointillées représentent les anomalies génétiques dans le gène de la dysferline chez trois modèles de souris. Le cadre de lecture a été réalisé en utilisant la base de données UMD-DYSF, une base de données générée à partir d'un modèle similaire à UMD-*DMD*. (*d'après Tuffery-Giraud et al., 2009*).

22

6.2 TRANSCRIT ET EXPRESSION

Le messager correspondant (#AF075575) est exprimé majoritairement dans le muscle squelettique, le cœur et les monocytes/macrophages, mais aussi dans plusieurs autres tissus, y compris le tissu cérébral, pulmonaire et les trophoblastes (Anderson et al., 1999; Ho et al., 2002; Matsuda et al., 2001; Robinson et al., 2009); les données de transcriptome sont disponibles sur http://genome.ucsc.edu/cgi-bin/hgGateway). Bien que fortement exprimé dans la fibre musculaire adulte (Anderson et al., 1999), le gène *DYSF* commence à être exprimé à partir des 5ème et 6ème semaines du développement embryonnaire humain (Anderson et al., 1999; De Luna et al., 2004). Un transcrit alternatif délété de l'exon 17 est exprimé au cours du développement embryonnaire (Salani et al., 2004), et 3 exons alternatifs ont été identifiés dans le tissu musculaire adulte (respectivement les exons alternatifs 1bis (DYSF_v1, #DQ267935) (Pramono et al., 2006), 5bis (clone Genbank #DQ976379), et 40bis (EST #EF015906)). Cependant, le rôle fonctionnel de ces transcrits alternatifs n'est pas connu.

6.3 LA DYSFERLINE ET LA FAMILLE DES FERLINES

Le transcrit *DYSF* (#AF075575) code la dysferline, une protéine de 2080 résidus d'acides aminés, avec un poids moléculaire théorique de 237 kDa, qui est localisée à la membrane plasmique de la fibre musculaire squelettique adulte (Piccolo et al., 2000) et dans les tubules-T (Ampong et al., 2005; Klinge et al., 2007).

6.3.1 DESCRIPTION ET DOMAINES PROTEIQUES

Grâce à différents logiciels d'analyses, différents domaines protéiques de la dysferline (séquence de référence : O75923) ont été prédits (http://www.expasy.org/ ; http://psort.ims.u-tokyo.ac.jp/form2.html) :

- Un domaine transmembranaire C-terminal (décrit dans la littérature) en position 2047-2067 et donc un domaine cytosolique N-terminal (acides aminés 1 à 2046).

- Un signal d'adressage au noyau ou NLS (Nuclear Localization Signal) bipartite ainsi que plusieurs autres NLS probablement non utilisés.

- Un signal d'adressage aux mitochondries de 18 acides aminés, situé en N-terminal, probablement pas utilisé.

- 6 ou 7 domaines C2 prédits (selon les logiciels) (Therrien et al., 2009; Therrien et al., 2006).

- 70 sites de phosphorylation (http://www.expasy.org/tools/scanprosite/).

- Plusieurs sites de O-glycosylation localisés dans le domaine cytosolique, qui ne seront utilisés, sauf si sous l'effet de mutation, la dysferline est dépourvue de son domaine transmembranaire (http://www.cbs.dtu.dk/services/YinOYang/).

- La présence de 3 séquences PEST (riche en Proline, Acide Glutamique, Serine, Thréonine) qui sont caractéristiques des protéines intracellulaires avec une demi vie courte. Ces séquences sont considérées comme des signaux qui serviraient à la dégradation des protéines.

- Deux domaines centraux de type ferline (FerA et FerB), spécifique de la famille des « ferlines », mais de fonction inconnue.

- Deux domaines DysfN et DysfC dont la fonction est également inconnue (Glover and Brown, 2007; Patel et al., 2008) (Figure 2 et 3).

La dysferline est donc une protéine composite et il serait important pour la physiologie et la physiopathologie des dysferlinopathies de confirmer l'existence de ces domaines et de comprendre leurs rôles. Toutefois au vu de la similarité des protéines de la famille des ferlines (Figure 4), l'étude des autres membres de cette famille pourrait donner des pistes.

6.3.2 LES FERLINES:

Toutes les protéines de la famille des « ferlines » présentent des similitudes structurales dont un domaine transmembranaire en C-terminal et plusieurs domaines de type C2, qui sont des motifs conservés d'environ 130 amino-acides qui se lient entre autres à des phospholipides anioniques (Lek et al., 2010; Nalefski and Falke, 1996; Therrien et al.,

2009; Therrien et al., 2006). D'autres protéines, comme les synaptotagmines, comportent également des domaines C2 et un domaine transmembranaire (Andrews and Chakrabarti, 2005; Bai and Chapman, 2004; Jaiswal et al., 2004).

6.3.2.1   FER1

Le premier gène de la famille des ferlines qui a été identifié est *fer-1* chez Caenorhabditis *Elegans* (C. *Elegans*) (Achanzar and Ward, 1997). Son expression est restreinte aux spermatocytes primaires, et la protéine (2034 aa) résultante possède 4 domaines C2 et un domaine C-terminal transmembranaire. Cette protéine joue un rôle dans la maturation et la mobilité des spermatozoïdes et notamment dans la fusion des MOs (membranes organelles), qui sont des vésicules bi-lobées (Roberts et al., 1986; Nelson and Ward, 1980). Les MOs contiennent essentiellement des glycoprotéines et des lectines, qui sont libérées dans le milieu extracellulaire lors de la fusion (Ward et al., 1981). Il a été suggéré que la protéine fer-1 jouait un rôle de fusion puisque chez C. *Elegans* déficients pour le gène *fer*-1 (-/-), les MOs des spermatides ne fusionnent plus avec la membrane plasmique des spermatocytes durant la spermatogénèse, ce qui rend les spermatozoïdes non motiles et donc non fertiles (Achanzar and Ward, 1997). De même, une mutation dans le premier domaine C2 de fer-1 suffit à la perte de la capacité de fusion de cette protéine (Washington and Ward, 2006).

26

A

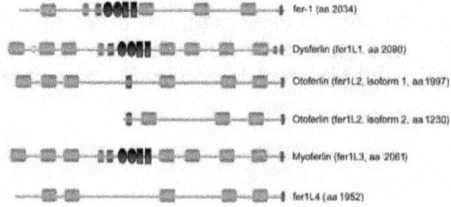

B

Domaine transmembranaire des ferlines

waiilfiilfilllflaifiyaf   dysferlin—ends 13 aa from C-terminus

lllllllllllalfly   otoferlin—ends 13 aa from C-terminus

wviigllfllilllfvavlly   myoferlin—ends 15 aa from C-terminus

tlvllllvlltvflllvfyti   Fer1L4—ends 14 aa from C-terminus

yiiiafiliiliiflvlfiy   Fer1L5—ends 14 aa from C-terminus

liafmviaiialmlf   Fer1L6 (?) —ends 81 aa from C-terminus

C

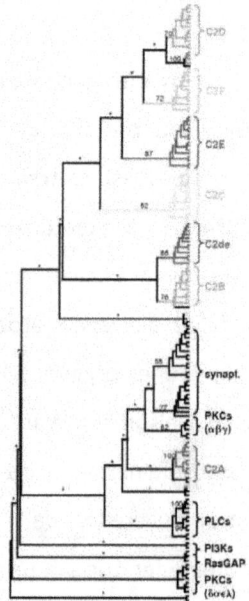

Figure 4: Protéines de la famille des Ferlines.
A. Les protéines de la famille des Ferlines se caractérisent par une homologie de structure, avec notamment la présence de plusieurs domaines C2, et d'un domaine C terminal transmembranaire. B et C. Les alignements de séquences suggèrent qu'un domaine C2 donné est plus similaire à des domaines C2 localisés à la même position dans d'autres protéines de cette famille, plutôt qu'aux autres domaines C2 de la même protéine. Il est à noter que ces analyses bioinformatiques ont été effectuées avec un algorithme ne prédisant que 6 domaines C2. (aa : acide aminé)

(*D'après Glover and Brown, 2007; et données de la JAIN FOUNDATION/B.Williams, www.jain-foundation.org*)

6.3.2.2 OTOFERLINE OU FER1L2

L'otoferline est une grande protéine de 1997 acides aminés très similaire à la dysferline (64% d'identité). Elle est exprimée majoritairement dans les cellules sensorielles de l'oreille interne et est impliquée dans une forme de surdité autosomique récessive (DFNB9 ; OMIM#601071, (Yasunaga et al., 1999)). Elle est composée de 6 domaines C2 et d'un domaine transmembranaire C-terminal. Il a été montré que l'otoferline est une protéine indispensable à l'exocytose des neurotransmetteurs des cellules ciliées cochléaires (système auditif), mais son rôle précis reste encore mal compris. Cependant, chez la souris *Otof* -/-, l'exocytose synaptique rapide par des cellules ciliées de type I et de type II est très largement réduite (Dulon et al., 2009; Heidrych et al., 2008; Pangrsic et al., 2010; Roux et al., 2006). Cette étude sur les cellules vestibulaires, où l'exocytose n'est pas complètement abolie, a permis de dire que l'otoferline agit certainement plus comme un senseur calcique de haute affinité que comme une protéine de fusion de membranes, contrairement à la protéine fer-1 (Dulon et al., 2009).

Il existe une isoforme courte de l'otoferline qui code une protéine de 1230 aa comportant 3 domaines C2 et un domaine transmembranaire que l'on appellera mini-otoferline (Yasunaga et al., 2000). Cette protéine est présente dans le cerveau, mais son rôle n'est pas connu.

6.3.2.3 MYOFERLINE OU FER1L3

La myoferline est la protéine la plus similaire à la dysferline (68% de similarité). Elle est présente au niveau du sarcolemme du muscle squelettique mais contrairement à la dysferline, elle ne possède pas de domaine transmembranaire et est également présente au niveau de la membrane nucléaire (Davis et al., 2000).

La myoferline est exprimée très fortement lors de la fusion des myoblastes pendant le développement musculaire et lors de lésions du muscle squelettique. Les souris déficientes en myoferline (-/-) ont des défauts dans les stades tardifs de la myogenèse notamment pendant la fusion des myoblastes avec les myotubes déjà formés (de Luna et al., 2006; Doherty et al., 2005). Ces souris ont donc une masse musculaire et un diamètre moyen des myofibres réduit.

Contrairement à ce que l'on pourrait imaginer, au vu de ces évidences et l'appartenance de la myoferline aux ferlines, elle ne semble pas être impliquée dans des phénomènes de fusion, mais plutôt dans des phénomènes d'adressage. En effet, il a été montré récemment que la myoferline interagissait avec une protéine de recyclage vésiculaire EHD2 (EH-domain containing 2) (Doherty et al., 2008). Or des mutations dans les protéines de la famille des EHD sont responsables d'un retard lors du recyclage des vésicules intra-cytoplasmiques vers la membrane plasmique (George et al., 2007). De manière identique, il a pu être mis en évidence qu'en absence de myoferline il y a une accumulation de transferrine dans les endosomes de recyclage péri-nucléaire des myoblastes, ce qui reflète un défaut de recyclage (Doherty et al., 2008).

Ce défaut de recyclage en absence de myoferline pourrait expliquer le phénotype des souris *myof* $^{-/-}$. En effet, le phénotype des souris déficientes en myoferline est très similaire à celui des souris déficientes en *IGF1* (insulin like growth factor 1), qui est une protéine impliquée dans la croissance et formation du muscle (Borselli et al., 2010; Demonbreun et al., 2010; Matsumoto et al., 2006; Saito et al., 2003). Or, les souris déficientes en myoferline ne répondent pas à la stimulation par IGF1. Au vu du lien entre les vésicules et le recyclage du récepteur à IGF1 (IGFR1), Demonbreun et collègues (Demonbreun et al., 2010) ont étudié l'adressage d'IGFR1 chez les souris myoferline déficientes. Ils ont montré que IGFR1 était bien présent à la membrane plasmique mais que son internalisation était perturbée puisqu'il s'accumulait dans des structures lysosomales (Demonbreun et al., 2010; Doherty et al., 2008; Progida et al., 2010). Ces données soulignent donc l'importance du rôle de la myoferline dans la médiation du recyclage d'IGF1R au cours de la croissance musculaire.

La dysferline et la myoferline semblent donc malgré leur similarité, partager peu de fonctions communes même si il a été montré que la dysferline participait à la fusion entre myoblastes. Contrairement à la dysferline, il n'existe à ce jour aucune pathologie due à des mutations dans le gène de la myoferline.

6.3.2.4 FER1L4, FER1L5 ET FER1L6

Au sein de la famille des ferlines, certains gènes (*Fer1L4*, *Fer1L5*, et *Fer1L6*) ont été prédits mais n'ont pas encore été caractérisés à l'exception de *Fer1L5* (Hillier et al., 2005).

La protéine fer1L5 présente de fortes similarités de séquence avec la dysferline, contient aussi le domaine Dysf (Patel et al., 2008), et est fortement exprimée dans le muscle. L'équipe du Dr Rumaisa Bashir qui étudie cette protéine, a évalué la localisation cellulaire de cette ferline lors de la fusion des myoblastes C2C12 et a montré que dysferline, myoferline et fer1L5 étaient adressées vers le noyau lors de la fusion. Ils ont notamment montré que ces ferlines possédant le domaine Dysf sont des marqueurs précoces de la régénération musculaire.

L'étude des autres ferlines n'a pas permis d'affiner le rôle des différents domaines composant la dysferline et donc de préciser son/ses rôles. L'étude de l'interactome de la dysferline pourrait, en partie, permettre de distinguer les mécanismes dans lesquels elle est impliquée.

6.4 LES DIFFERENTES FONCTIONS PUTATIVES DE LA DYSFERLINE:

Comme nous le verrons ci-dessous, la dysferline possède un grand nombre de partenaires qui sont impliqués dans 3 processus plus ou moins interconnectés : la réparation membranaire, le développement du tubule-T et les processus inflammatoires.

6.4.1 FUSION MEMBRANAIRE

La première fonction de la dysferline mise en évidence, a été son implication dans la réparation membranaire (Figure 5). Afin de cerner le rôle de la dysferline dans ce processus, il convient de faire un rappel sur ce processus complexe.

6.4.2 REPARATION MEMBRANAIRE

Beaucoup de cellules de métazoaires vivent dans des environnements mécaniquement stressants, ce qui perturbe souvent leurs membranes plasmiques. Afin de survivre, les cellules doivent pouvoir réparer rapidement les lésions. La fermeture rapide est un mécanisme actif et complexe employant le système endomembranaire constitué de bicouche lipidique (constituant le bloc de construction qui va fournir les briques nécessaires pour combler la brèche), le cytosquelette (armature permettant le transport des briques) et des protéines de fusion membranaire (ciment permettant la fusion des briques avec la brèche). Pour comprendre ce mécanisme, il est important de comprendre les phénomènes physiques exercés sur la membrane plasmique et leurs propriétés.

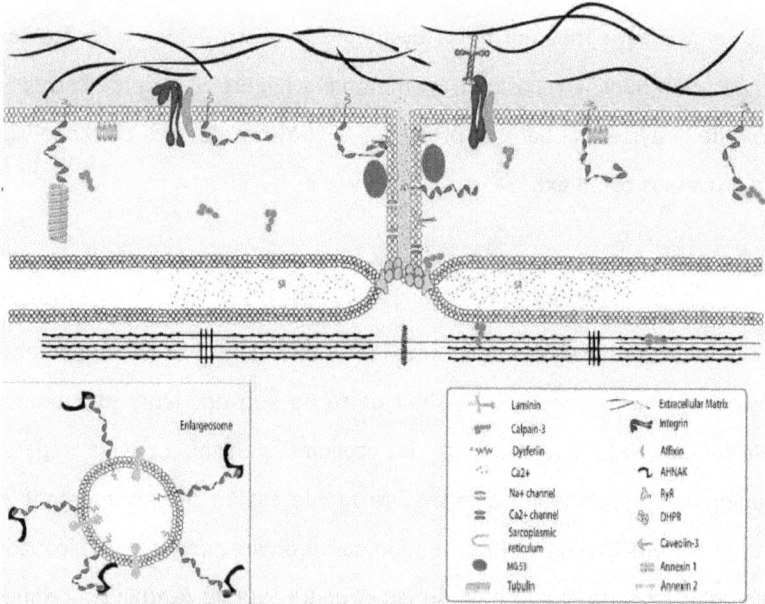

Figure 5 - Partenaires de la dysferline.
Dans des myofibres normales, la dysferline est ancrée par son domaine C-terminal dans la membrane plasmique, et dans des vésicules intra-cytoplasmiques, en association avec les annexines A1 et A2, AHNAK, l'affixine et la cavéoline-3. Les annexines A1 et A2 forment des complexes hétérotetramériques avec leurs partenaires protéiques S100 respectifs. Un complexe multimérique régulé par le Ca++ est également formé par association entre le complexe annexine A2/S100A10, AHNAK et l'actine à la membrane plasmique. L'affixine est localisée dans le cytoplasme et au niveau du sarcolemme, en interaction avec la dysferline. La cavéoline-3 est le principal composant des régions membranaires de type caveolae, et pourrait jouer un rôle dans le trafic post-Golgi de la dysferline. Des vésicules intracytoplasmiques telles que les enlargeosomes (vésicule recouverte par la protéine AHNAK) ou des vésicules dysferlines positives sont présentes dans le cytoplasme, qui serviront en cas d'éventuelle lésion. Le trafic de ces vésicules est facilité par l'affixine, grâce à un remodelage du cytosquelette environnant la brèche. Au niveau des tubules-T, on retrouve la présence de dysferline ainsi que des protéines necessaires au processus de couplage excitation-contraction telle que les canaux sodium et calcium ainsi que le complexe DHPR-RyR.

6.4.2.1 COMPOSITION DES MEMBRANES ET PHENOMENE DE TENSION

La membrane plasmique est une fine pellicule continue de 5 à 10 nm d'épaisseur, formée par l'association de deux feuillets de phospholipides et de glycolipides (uniquement du côté extracellulaire) qui se font face par leurs pôles hydrophobes. Sur les faces externes et internes, constituées par les pôles hydrophiles, des phospholipides membranaires, se fixent des protéines sur lesquelles s'accrochent le cytosquelette ou des molécules de la matrice extracellulaire. Ces membranes plasmiques sont soumises continuellement à des stress ou à des tensions comme lors de la migration cellulaire ou lors de la contraction musculaire. Il est donc crucial pour ces membranes d'être flexible et élastique afin de pouvoir s'adapter à ces phénomènes. Lors de ces tensions, il peut se produire des déchirures de la membrane plasmique. En fonction de la taille de la lésion et des pressions exercées sur celle-ci, plusieurs solutions s'offrent à elle pour compenser cette perturbation locale :

- Dans le cas de lésions dont le diamètre est inférieur à $0.2\mu m^2$, un mécanisme d'auto-fermeture de la lésion peut se produire (McNeil, 2002). Ce concept peut se résumer ainsi : une perturbation dans une bicouche continue, expose les domaines hydrophobes des phospholipides à l'eau et crée ainsi une situation énergétiquement défavorable. Pour se refermer, la membrane doit se maintenir au-dessus de son point de transition liquide-solide. La fluidité membranaire continue permet un renouvellement des lipides au niveau du site de perturbation, permettant la fermeture de cette lésion. Ce concept d'auto-étanchéité qui a été proposé il y a quelques années, est une vision simpliste de ce qu'il se passe réellement. En effet, ce processus se déroule en deux étapes : (1) le résultat immédiat de la lésion n'est pas sa fermeture, mais un réarrangement des lipides à l'interface des perturbations. Les lipides réorientent leurs têtes hydrophiles de manière à faire face aux pores aqueux, formant ainsi une courbure (figure 6a). (2) Dans un contexte simplifié, deux forces agissant en opposition, vont gouverner la vitesse et la fermeture de la lésion. La première force est une tension de ligne, qui nait de l'augmentation de l'énergie libre imposée par le désordre (la courbure) au niveau des queues des lipides ($1x10^{-17}$ Calories pour une rupture de 1µm de diamètre) (pour revue voir (Chernomordik and Kozlov, 2003). Elle favorise la fermeture si son énergie est égale à celle causant la rupture. La seconde force, la tension membranaire, résulte de l'adhésion des têtes phospholipidiques au niveau du cytosquelette qui va s'opposer à la fermeture de la lésion.

- Dans le cas de lésions plus importantes, un autre modèle de réparation membranaire propose une réponse par exocytose déclenchée par le calcium entrant, qui réduirait ainsi la tension de membrane afin de permettre à la tension de ligne de compenser et faciliter la capacité d'auto-étanchéité des membranes (figure 6b,c).

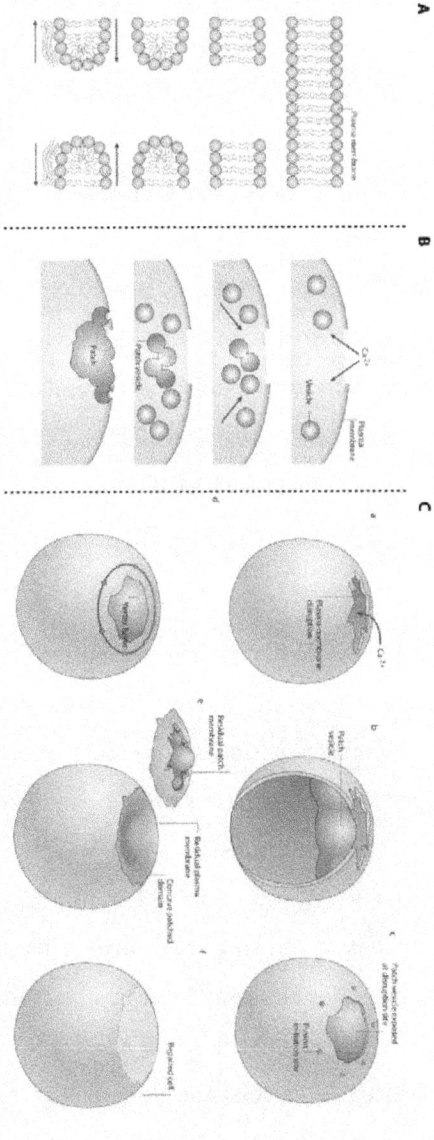

Figure 6 - les 3 hypothèses de réparation membranaire.

A. Quand une membrane plasmique intacte (panneau supérieur) est perturbée, les domaines hydrophobes des phospholipides sont exposés à l'eau, ce qui génère une forte augmentation de l'énergie libre. Cela conduit très rapidement à la réorientation des lipides vers le bord de la rupture, ce qui réduit considérablement l'énergie libre (panneau intermédiaire). Toutefois, les désordres lipidiques sont situés au niveau du bord lésé, qui fournit des surplus d'énergie libre (ou tension de la ligne) qui favorisent la fermeture. Dans les membranes plasmiques cellulaires, l'adhésion des phospholipides au cytosquelette sous-jacent crée une tension qui s'oppose aux lipidiques, de nature supérieure à la tension de ligne et donc à la fermeture (panneau inférieur). Un modèle propose qu'une exocytose initiée par l'entrée de Ca2+, réduit la tension exercée sur les membranes, suffisamment pour permettre à la tension de ligne de dominer et donc de faciliter la capacité d'auto-refermement des membranes. B. Un autre modèle est l'hypothèse du patch. Le Ca2+ entre par la lésion (panneau du haut), et cet influx permet le recrutement et la fusion homotypique de vésicules entre elles (panneau du milieu). Les vésicules continuent de fusionner et forment alors une rustine (panneau du bas), finalement la rustine fusionne avec la lésion et referme la brèche.

C. l'hypothèse du vortex. Cette illustration montre comment un rustine-vortex peut fusionner avec la membrane plasmique afin de restaurer la continuité de la membrane plasmique. (a, b). Même étape que dans l'hypothèse de la rustine. (c) Plusieurs points de fusion sont initiés entre la rustine et la membrane plasmique, ce qui entraîne la formation de plusieurs pores de fusion. (d) L'expansion latérale de ces pores le long de la lésion produit de proche en proche une continuité lipidique. (e) La membrane résiduelle de la rustine sont rejetés dans le milieu extracellulaire. Le site de lésion est refermé à l'aide de la partie inférieure de la rustine). (f) Le remodelage du cytosquelette restaure l'architecture de la membrane.

(d'après Paul McNeil et al., Nat Rev Mol Cell Biol. 2005 Jun;6(6):499-505.)

L'entrée de calcium au niveau du site de lésion semble être un élément crucial pour une bonne réparation. En effet, Steinhardt et collaborateurs ont découvert que les ions calcium étaient nécessaires à la fermeture des lésions (Bansal et al., 2003; McNeil, 2002; Steinhardt et al., 1994). De plus, lorsque la membrane plasmique est blessée, les ions calcium diffusent dans la cellule. Chez les vertébrés, la concentration de calcium extracellulaire est de l'ordre du milli-molaire, tandis que celle intracellulaire est d'environ 100nM. Cette différence de concentration va engendrer l'entrée massive du calcium dans le milieu intracellulaire.

6.4.2.2 LESIONS MEMBRANAIRES

En condition physiologique normale, des lésions de la membrane plasmique peuvent toucher certaines cellules ou certains tissus entraînant des dommages parfois sévères surtout si les zones lésées n'ont pas de capacités d'auto-régénération. Ce phénomène de lésion membranaire est défini comme une perturbation survenue au niveau de la membrane plasmique, marqué par l'entrée dans le cytosol de molécules normalement imperméables aux membranes. Il a été proposé que la fermeture des blessures soit une adaptation énergétique de la cellule par rapport aux coûts-efficacités du remplacement des cellules/tissus. En particulier, le sarcolemme des cellules musculaires striées est une des membranes les plus vulnérables au vu du stress mécanique auquel ces cellules sont confrontées (Clarke et al., 1993). Par exemple les contractions excentriques (allongement du muscle tout en maintenant la tension) sont responsables, chez les modèles animaux de souris et de rats, d'une augmentation d'un facteur 2,5 du nombre de blessures membranaires (Clarke et al., 1993; McNeil and Khakee, 1992).

6.4.2.3 MECANISME CLASSIQUE DE REPARATION MEMBRANAIRE

Depuis le début du siècle dernier, il est connu que les cellules animales peuvent survivre aux grandes lésions (> 1000 µm2) grâce à un mécanisme de réparation membranaire (revues de (Heilbrunn, 1956).Ce mécanisme est essentiel pour la survie des cellules notamment les cellules post-mitotiques telles que celles composant la fibre musculaire. Toutefois, même si ce mécanisme semblait essentiel à la survie, on pensait avoir une explication simpliste de ce phénomène : déchirée par une micro-aiguille, la bicouche lipidique fluide, pouvait se refermer spontanément grâce à des phénomènes thermodynamiques (Parsegian et al., 1984; Parsegian and Rau, 1984; Rand and Parsegian, 1984). Cependant même si c'est le cas pour les globules rouges et les lysosomes, cette hypothèse n'est pas applicable, dans le cas de blessure de grande taille (> 1 µm). La réparation des membranes est maintenant considérée comme un mécanisme dynamique et complexe, qui s'appuie fortement sur la participation de nombreux constituants du cytoplasme et de composant extracellulaire. Il existe plusieurs hypothèses à l'heure actuelle proposant d'expliquer ce mécanisme complexe : l'hypothèse d'une réparation membranaire par exocytose et celle d'une réparation par endocytose.

A. EXOCYTOSE

Des travaux ultérieurs, reposant sur l'étude de cellules endothéliales humaines (Miyake and McNeil, 1995) et des œufs d'oursins (Bi et al., 1995), ont mis en évidence que la fermeture de lésions de grande taille était dûe à une réaction d'exocytose rapide et calcium dépendante. Deux modèles ont été proposés pour expliquer ce phénomène. Le premier modèle propose que le principal rôle de l'exocytose soit de réduire la tension de la membrane plasmique (Togo et al., 2000b). Le deuxième modèle, appelé hypothèse de la « rustine » ("patch" en anglais), propose que l'influx de Ca^{2+} déclenche la fusion homotypique de vésicules intracellulaires qui sont proches de la lésion et que la formation de cette grande vésicule permettrait la réparation de la membrane plasmique (McNeil and Steinhardt, 2003). Il a été suggéré que le mécanisme de la rustine soit principalement responsable de la réparation des lésions de grandes tailles, alors que la réduction des tensions de membrane serait préférentiellement utilisée pour refermer les lésions de petite taille.

(a) EXOCYTOSE ET REDUCTION DE TENSION

L'implication de l'exocytose dans la réduction des tensions ou encore appelée « promotion des flux lipidiques » est supposée être applicable seulement à des lésions dont le diamètre est inférieur à 1 µm de diamètre. Des preuves de l'implication de ce mécanisme ont été décrites aussi dans le cas de lésions modérées (1-1000µm). Dans les secondes suivant la lésion, il y a une grande abondance de vésicules anormalement larges au niveau de la lésion (Miyake and McNeil, 1995). Comme évoquée précédemment, la tension de la membrane s'oppose à la fermeture de la lésion. Des expériences ont montré que lorsque la force de tension est réduite à environ un tiers de la valeur normale, la bicouche lipidique pouvait être spontanément réparée (Togo et al., 2000a; Togo et al., 2000b). En outre, il a été montré que le traitement de fibroblastes avec des agents qui réduisent la tension de la membrane, comme des substances tensio-actives ou des drogues provoquant la dépolymérisation du cytosquelette, améliore la fermeture des lésions même lorsque l'exocytose est inhibée (Togo et al., 1999; Togo et al., 2000a; Togo et al., 2000b).

L'exocytose de manière générale est accompagnée d'une baisse de la tension sur la membrane (Dai et al., 1997). Mais le mécanisme exact par lequel l'exocytose conduit à cette baisse reste inconnu. Une des possibilités est l'insertion de nouveaux phospholipides. Il a été démontré que la concentration en phosphatidylinositol 4,5-bisphosphate (PIP2) au niveau de la membrane plasmique régule la structure du cytosquelette et l'adhérence entre le cytosquelette et la membrane plasmique (Raucher and Sheetz, 2000; Raucher et al., 2000). Des changements de composition en PIP2, suite à la fusion de vésicules avec la membrane, pourraient donc contribuer à la diminution de la tension. De même, la tension membranaire pourrait être modulée par des voies activées ou après l'étape de fusion membranaire. Des études récentes ont montré que des réarrangements de filaments d'actine corticaux se produisent pendant l'exocytose (Bernstein, 1998; Sullivan et al., 1999; Trifaro et al., 2000a; Trifaro et al., 2000b), puisque la fermeture des lésions est inhibée lorsque la dépolymérisation de l'actine est bloquée et inversement (Miyake et al., 2001; Togo et al., 2000a; Togo et al., 2000b). Ceci pourrait être régulé par l'entrée de calcium au niveau de la lésion qui activerait la gelsoline qui, à son tour, déstabiliserait les filaments d'actine et empêcherait la polymérisation des microfilaments. Ainsi en parallèle de l'exocytose, il est possible que la réorganisation du cytosquelette favorise la diminution de la tension de la membrane (Figure 6a).

(b)   EXOCYTOSE DE LARGES
VESICULES OU RUSTINE

Un autre mécanisme se met en place lorsque des cellules ont des lésions plus larges dans lesquelles aucune membrane plasmique ne subsiste. Ces lésions (> 1000 μm^2) ont été observées sur différents types cellulaires comme par exemple les neurones ou les cellules musculaires

(Casademont et al., 1988; Krause et al., 1994a; Krause et al., 1994b). Une réparation membranaire d'une telle ampleur nécessite le remplacement d'un pan entier de membrane plasmique, celui-ci provenant de la fusion homotypique de vésicules, formant ainsi une sorte de « rustine » (McNeil and Baker, 2001; McNeil et al., 2000; Terasaki et al., 1997). Etant donné que la lésion est plus large, la quantité de calcium entrant est supérieure et donc permettrait de déclencher spécifiquement ce mécanisme grâce à des senseurs (Steinhardt et al., 1994).

Dans la cellule intacte, le réseau sous-cortical de microfilaments d'actine et des vésicules sous-jacentes sont répartis régulièrement sous la membrane plasmique. La formation de la rustine se déroulerait en plusieurs étapes (Figure 6b). Lors de la lésion, une entrée massive de Ca^{2+} entrant par la brèche déclencherait, par un mécanisme inconnu, le clivage du réseau de micro-filaments. Cette première étape serait suivie par une accumulation de vésicules acheminées le long des microtubules vers le site de lésion grâce à la dynéine pour le transport du réticulum endoplasmique vers l'appareil de Golgi puis grâce à la kinésine pour le transport du Golgi vers la membrane plasmique (Dell, 2003; Zhang and Zelhof, 2002). Les vésicules commenceraient alors à s'accumuler et à fusionner entre elles afin de créer une rustine. La rustine finirait par fusionner avec la membrane permettant ainsi la fermeture de la lésion. Après ces étapes, une nouvelle polymérisation des microfilaments d'actine serait réalisée et restaurerait la continuité du réseau sous-cortical.

(c) FORMATION DE LARGES VESICULES ET REDUCTION DE TENSION

Un mécanisme récemment décrit, appelé fusion en vortex, pourrait amener une autre explication de ce phénomène (Figure 6c). Selon ce modèle, la fusion entre deux membranes pourrait se produire dans des zones de contacts curvilignes, zones appelées «sommets». Ils correspondent à la zone d'interaction entre la rustine et la zone de lésion, et c'est à cet endroit que seraient concentrées les protéines de fusion (McNeil, 2002; McNeil and Kirchhausen, 2005; Steinhardt, 2005). Cette hypothèse permettrait d'expliquer au moins en partie, l'aspect concave du site réparé, dans le cas de lésions importantes de la membrane plasmique des œufs d'oursin (McNeil and Kirchhausen, 2005).

Cette observation est une des rares preuves de l'existence d'un tel mécanisme. En revanche, plusieurs élements remettent en questions l'existence de la rustine. Les preuves expérimentales de sa formation se basent principalement sur l'observation de la pénétration de colorants imperméables à la membrane or aucun marquage n'a pu mettre en évidence sa présence. Une autre question persiste : on ne sait pas si la rustine fusionne réellement avec la membrane lésée. La formation de cette rustine pourrait uniquement empêcher/limiter la libération de composants du cytoplasme ou inversement l'entrée d'éléments extérieurs (Terasaki et al., 1997). De la même manière, comme on ne sait pas si la rustine fusionne une hypothèse a été proposée: la formation d'un anneau contractile et non celle d'une rustine. En effet la formation d'un anneau/réseau (en forme de maillage) contractile, constitué de protéine du cytosquelette, pourrait aussi permettre le rapprochement des membranes et ainsi la réparation de la lésion et empêcher la diffusion d'éléments. Des données allant dans ce sens, ont été observées, après l'injection d'un mélange d'eau de mer et de calcium dans des œufs (Terasaki et al., 1997). Des chercheurs ont montré que des traceurs fluorescents ne pouvaient plus diffuser dans le cytosol à cause de la formation d'un maillage induit par la transglutaminase Ca^{2+}-dépendante et non par la formation d'une rustine générée par la fusion homotypique de vésicules intracellulaires (Haroon et al., 1999).

La rustine ne serait donc utilisée que dans le cas de larges lésions de la membrane plasmique, et permettrait donc la réparation de la membrane

B. L'ENDOCYTOSE

La plupart des études décrites ci-dessus, mettent l'accent sur le rôle de l'exocytose Ca^{2+}- dépendante impliquée dans la réparation des blessures. Toutefois des études de réparation de lésions dans les axones géants de vers de terre suggèrent une implication de la voie d'endocytose dans la formation des rustines (Eddleman et al., 1998a; Eddleman et al., 1995; Eddleman et al., 1998b; Fishman et al., 1995). En effet dans ce modèle, des invaginations de la membrane plasmique ont été observées après lésion (Ballinger et al., 1997). De même l'utilisation du colorant

FM1-43 a révélé une composante endosomale en réponse à la blessure dans des fibroblastes 3T3 (Angleson and Betz, 1997; Miyake and McNeil, 1995; Togo et al., 1999; Togo et al., 2000a). Ce colorant s'intercale dans le feuillet externe des bicouches lipidiques (et fluoresce seulement dans les milieux hydrophobes) mais ne peut traverser la bicouche. Les fibroblastes marqués après l'exposition au FM1-43, révèlent une perte de fluorescence locale et rapide dans la région où la lésion a été effectuée (Miyake and McNeil, 1995; Togo et al., 1999; Togo et al., 2000a). Après traitement à la toxine tétanique, qui est un inhibiteur de l'endocytose, il a été montré que la capacité de réparation était diminuée de 80% (Steinhardt et al., 1994; Togo et al., 1999).

Des expériences récentes ont montré que des cellules étaient également capables de refermer leurs membranes dans un mécanisme Ca^{2+}-dépendant, après traitement avec des streptolysines-O (SLO), protéines impliquées dans la formation stable de pores bactériens (Walev et al., 2001). Cette expérience fut révélatrice puisque le SLO forme des pores stables qui ne peuvent être refermés, excluant ainsi les deux modèles précédemment proposés pour réparer la membrane plasmique. Une forme rapide d'endocytose calcium-dépendante a été observée dans les secondes suivant le traitement SLO (Idone et al., 2008b). La cinétique de ce processus est très similaire à celle rapportée antérieurement pour la réparation des lésions mécaniquement induites (Reddy et al., 2001; Steinhardt et al., 1994). Le SLO est un agent chimique qui permet la formation de pores, or c'est un mécanisme sans commune mesure avec une lésion mécanique. Des études ultérieures ont cependant confirmé qu'une endocytose rapide se produisait également dans les cellules mécaniquement blessées (Klinge et al., 2010b; Klinge et al., 2007).

Ces résultats indiquent que l'endocytose favorise le mécanisme de fermeture des lésions. En revanche, on ne sait pas à quelle étape de la réparation membranaire ce processus intervient, ce qui ne permet donc pas d'exclure complètement l'implication d'un phénomène d'exocytose. Des éléments de réponses pourraient être apportés à ces questions (exocytose seule, endocytose seule ou implication des deux mécanismes), si on connaissait l'origine ou la destination de ces vésicules.

6.4.2.4 COMPARTIMENTS ENDO-MEMBRANAIRES

Dans les cellules de mammifères, quelle est la source de membranes intracellulaires qui est nécessaire pour combler les lésions? Alors qu'ils étudiaient l'invasion des cellules par *Trypanosoma Cruzi*, le groupe de Norma Andrews a mené une série d'expériences, démontrant une migration de vésicules lysosomales vers la membrane plasmique, où elles fusionnent avec la zone de pénétration du parasite (Andrews, 1995).

De la même façon, dans les œufs d'oursins, de nombreuses granules jaunes ont été observées au niveau des lésions et sont clairement requises pour refermer ces lésions (McNeil et al., 2000). Ces granules jaunes d'œufs d'oursins correspondent à un compartiment acide d'origine endosomale (McNeil and Terasaki, 2001; Raikhel, 1987; Wallace et al.,

1983) qui contient des enzymes hydrolytiques (Armant et al., 1986). Par analogie, il a été démontré que dans les cellules de mammifères, les lysosomes ont toutes les propriétés des granules jaunes. De plus, en culture, ces vésicules peuvent fusionner entre elles, en présence d'ions Ca^{2+}, pour former une grande vésicule lysosomale (Bakker et al., 1997; Mayorga et al., 1994). D'autres études ont montré que la synaptotagmine VII, protéine membranaire entre autre associée au lysosome, était essentielle à la fusion de vésicules avec la membrane lésée (Caler et al., 2001). En revanche, l'origine de ces organites ne peut être définie, puisque les vésicules synaptotagmine VII positives peuvent provenir de plusieurs compartiments tels que les endosomes (précoces ou tardifs) et les lysosomes.

Afin de trouver l'origine de ces vésicules, les différentes recherches entreprises sont parties du postulat qu'une population de vésicules d'exocytose larges et rapides est nécessaire pour la fermeture des lésions. Or Il y a très peu de compartiments candidats qui pourraient permettre de fournir une source de membrane suffisante pour assurer la fermeture des lésions. Bien que les lysosomes soient de grande taille dans la plupart des types cellulaires, leur vitesse d'exocytose est sensiblement trop lente pour permettre une réparation rapide (Ninomiya et al., 1996). Une étude récente suggère que cette population pourrait correspondre à des vésicules contenant la desmoyokine/AHNAK, protéine géante de 170 nm (Hieda et al., 1989). Ces vésicules AHNAK-positives ont été baptisées enlargeosomes (Borgonovo et al., 2002).

La protéine AHNAK, est codée par un gène présent sur le chromosome 11q12-13 et a été identifiée comme une protéine ubiquitaire de 5890 résidus (680kDa) (Nie et al., 2000; Sussman et al., 2001). Elle possède une partie N-terminale de 498 résidus contenant un domaine PDZ (post synaptic density protein), un large domaine central de 4390 résidus organisés en unités répétitives d'environ 100-120 résidus chacunes et d'une partie C-terminale de 1022 résidus (Hashimoto et al., 1993).

Il est important de préciser que ces enlargeosomes apparaissent à la surface des cellules après des lésions membranaires, ce qui suggère que l'exocytose des enlargeosomes est induite par la rupture de la membrane plasmique. Récemment, il a été montré qu'AHNAK participait avec l'annexine A2 (dont nous parlerons ci-dessous) à l'exocytose rapide des enlargeosomes (Cocucci et al., 2008). De même, VAMP4, protéine faisant partie de la famille des R-SNARE qui participe au phénomène de fusion vésiculaire, semble interagir avec AHNAK au niveau de la membrane des enlargeosomes. Cette interaction n'est pas sans rappeler la machinerie syntaxine-6 et SNAP23. Ce sont tous deux, des éléments d'un complexe protéique participant à la fusion de vésicules (Cocucci et al., 2008; Racchetti et al., 2010). Ces enlargeosomes pourraient donc jouer un rôle dans la réparation de larges lésions (Borgonovo et al., 2002; Cocucci et al., 2008; Racchetti et al., 2010) De plus, il a été montré que ces enlargeosomes sont endocytés à partir des endosomes et des cavéosomes après la réparation des lésions (Cocucci et al., 2007). Ces vésicules sont donc impliquées dans les deux mécanismes qui semblent participer à la réparation membranaire.

La plupart des hypothèses s'accordent pour dire que vraisemblablement le ou les mécanismes en jeux font intervenir des processus d'exocytose/endocytose membranaires, qui eux, sont beaucoup mieux décrits (cf ci dessous). Bien que les mécanismes sous-tendant la réparation membranaire soient encore largement discutés, *la majorité de la communauté scientifique s'accorde pour décomposer la réparation en 4 temps : lésion et entrée de calcium, recrutement des vésicules au site de lésion, fusion ou rapprochement des lipides, mécanisme de compensation.*

6.4.2.5 LES DIFFERENTES ETAPES DE LA REPARATION MEMBRANAIRE DES PETITES LESIONS

Ce mécanisme est de manière générale équivalent dans la plupart des types cellulaires. Un certain nombre de sous-processus sont connus mais n'ont pas pu être totalement interconnectés :

- Le stress engendré par l'environnement ou par des forces mécaniques entraîne, au niveau des membranes, des ruptures qui permettent l'entrée à la fois du calcium intracellulaire et d'autres composants extracellulaires tels que l'ATP (adénosine triphosphate) (Covian-Nares et al., 2010) et la sortie de composant intracellulaire (comme des molécules oxydatives) (McNeil, 2009).

- La lésion et l'entrée de calcium vont engendrer, indirectement, une perturbation locale du cytosquelette cortical, qui lorsqu'il est intact, interdit le contact entre la membrane plasmique et la membrane des vésicules. Cette désorganisation locale est due soit à l'activation de protéases causée par l'augmentation de la concentration en calcium, soit aux forces exercées autour de la lésion (Dasgupta and Kelly, 2003).

- Dans tous les cas, la réparation de la blessure est initiée par l'assemblage des protéines d'actine et de la myosine 2 en une forme de réseau au niveau de la lésion (Bement et al., 1999; Mandato and Bement, 2001). Un anneau contractile étroit est ainsi formé et nous rappelle l'hypothèse du vortex. Cette contraction, qui se produit grâce au coulissement des filaments, est nécessaire pour la réduction de la tension et pour faciliter le phénomène des flux lipidiques.

- L'augmentation locale de la concentration en calcium va également permettre le recrutement de vésicules porteuses de protéines ayant des domaines C2, telle que la synaptotagmine VII. Le domaine C2A de la synaptotagmine est un des plus étudié : il lie le calcium grâce à cinq résidus aspartyl très

50

conservés et chargés négativement. Les ions Ca^{2+} pourraient neutraliser les résidus acides, ce qui permettrait aux domaines C2 de se lier aux phospholipides et aux protéines (Sutton et al., 1999). Une mutation récurrente V67D dans le domaine C2A de la synaptotagmine VII abolit l'interaction avec le calcium, entraînant ainsi un défaut de réparation de la membrane (Blott and Griffiths, 2002; Haase et al., 2005).

- En plus de la présence des domaines C2, qui serviraient à l'adressage des vésicules vers le site de rupture, les microtubules ainsi que leurs protéines motrices associées (par exemple la kinésine) permettent le transport des vésicules sur de longues de distances et de les transporter au niveau de la lésion (Dell, 2003).

- Ces vésicules se retrouvent au niveau du site de lésion et comportent plusieurs protéines qui vont leur permettre soit de s'associer aux membranes, soit de fusionner entre elles afin de former la rustine. Parmi ces protéines, deux familles sont bien connues : les annexines et les protéines S100. Les annexines constituent une famille de protéines composées de deux types, le type I et le type II qui ne diffèrent que par leurs extrémités N- et C-terminales (Moore et al., 1992). Ces protéines lient à la fois le calcium et les phospholipides de façon inter-dépendante et peuvent s'associer entre elles (Eberhard and Vandenberg,

1998). Elles sont composées de 4 principaux domaines capables de lier les ions calcium, leurs permettant de s'associer aux phospholipides membranaires (Liemann and Lewit-Bentley, 1995; Seaton and Dedman, 1998) ainsi que d'interagir avec diverses protéines S100 telles les S100 de classes A6, A10 et A11, grâce à leurs extrémités N-terminale (Gerke and Moss, 2002; Mailliard et al., 1996; Rintala-Dempsey et al., 2008; Streicher et al., 2009). Grâce à leurs propriétés, les annexines peuvent agréger les phospholipides, notamment pendant la réparation membranaire (Raynal and Pollard, 1994; Rescher et al., 2004). En effet, la phosphorylation de ces protéines permet l'agrégation de manière $Ca2+$ dépendante, de vésicules intracellulaires et de radeaux lipidiques au niveau du site de rupture (Figure 7). On peut d'ailleurs souligner que le tétramère Annexine 2-S100 (un dimère Annexine A2 et un dimère de S100A10) interagit avec la partie C-terminale d'AHNAK qui est localisée au niveau de micro-domaines membranaires riches en cholestérol de la membrane (Benaud et al., 2004).

- Ce mécanisme de fusion avec la membrane a été principalement étudié au niveau des synapses. Avant la fusion, les vésicules synaptiques doivent d'abord être ancrées. L'amarrage est médié par de grandes protéines d'attache, comme bassoon et Piccolo/Aczoronin (Schoch and

Gundelfinger, 2006). Dans les neurones, la voie d'exocytose des neurotransmetteurs met en jeu la synaptobrévine 2 (ou VAMP 2, un v-SNARE) qui forme un complexe avec les SNAREs : SNAP25 et la syntaxine 1, qui, ensemble, forment le t-SNARE)(De Haro et al., 2003; Gerst, 1999). Ces interactions aboutissent à la fusion des bicouches lipidiques de la membrane vésiculaire et de la membrane plasmique. Ces SNAREs interagissent également avec la famille des synaptotagmines. En effet, la liaison du domaine C2B à la phosphatidylsérine permet d'induire *in vitro* la juxtaposition de deux membranes. La distance entre ces deux membranes, ainsi réduite à 4 nm, permet alors la fusion membranaire (Bai and Chapman, 2004; Gaffaney et al., 2008; Lynch et al., 2007). Par ailleurs, ces domaines C2 auraient la possibilité d'agir sur la fusion en induisant une courbure des membranes (Di Giovanni et al., 2010; McNeil, 2002).

- Toutefois on ne sait pas si les vésicules fusionnent complètement avec la membrane ou si la fusion reste incomplète. Quelque soit le mécanisme impliqué, on suppose de manière générale que, lorsque les cellules effectuent une exocytose, leurs surfaces membranaires augmentent. Cette augmentation de surface doit alors être compensée par un mécanisme d'endocytose. C'est ainsi qu'il a été montré que la dynamine est capable d'interagir directement avec des liposomes, de les déformer en tubes et de morceler ces tubes en vésicules en présence de GTP (Sweitzer and Hinshaw, 1998). La dynamine 2 possède deux cofacteurs : l'amphyphisine qui serait impliquée dans les étapes ultimes du détachement des vésicules (Shupliakov et al., 1997) et l'endophiline qui serait impliquée dans l'invagination des vésicules (Lamaze, 2002). Les vésicules ainsi formées sont généralement de petite taille (moins de 150nm de diamètre).

- La dernière étape de la fermeture ou de l'endocytose est associée à la formation de «doigts» d'actine le long de la blessure. Cette structure d'actine, assez caractéristique, est retrouvée lors de la fermeture dorsale chez la drosophile ou lors de la cicatrisation de cellules (Woolley and Martin, 2000). Des contacts apparents entre ces doigts d'actine sont observés, et leurs contractions permettent la fermeture définitive de la blessure corticale. Il a été également suggéré, que pour revenir à son état de repos, la cellule devait également éliminer le surplus de calcium intracellulaire, notamment dans le cas de lésion de grande taille (Millay et al., 2008).

Ce mécanisme complexe nécessite la coordination de nombreux partenaires et requiert beaucoup d'énergie. Afin de limiter ces dépenses, la nature a retenu, par un processus de sélection naturelle, les cellules possédant des systèmes de protection et de prévention. De même, la fréquence des lésions exercées sur les cellules peut également expliquer les adaptations que les cellules ont développées afin de prévenir ces blessures.

6.4.2.6 PREVENTION DES LESIONS

Premièrement, les cellules possèdent un réseau de filaments intermédiaires, qui est relié mécaniquement (par exemple grâce aux protéines du DGC dans le muscle) à la matrice extracellulaire et aux microtubules protégeant et diminuant ainsi l'impact des tensions exercées sur la membrane. Ces connexions avec les composants du cytosquelette sont très importantes pour le maintien et l'intégrité de la structure de cellules. En particulier, la desmine est la protéine constitutive des filaments intermédiaires et permet la stabilisation du sarcomère pendant la contraction. Lorsque celle-ci n'est pas présente notamment chez des souris déficientes en desmine, une fragilité accrue des membranes est observée (Kalman and Szabo, 2001; Li et al., 1998).

Deuxièmement, l'observation de Grembowicz et collaborateurs (Grembowicz et al., 1999) a suggéré que des changements d'expression de certains facteurs de transcription tels que c-Fos et NF-κB après une lésion, représentaient une réponse adaptative de la cellule. Ainsi les cellules, venant d'être réparées, pourraient se souvenir de cette lésion et établir un système protecteur. En effet, lorsque les cellules sont blessées à deux reprises au même endroit, la deuxième lésion se referme plus rapidement. Cette réponse semble dépendre de vésicules précédemment endocytées, formées après réparation de la première lésion (Morioka et al., 2003; Togo et al., 1999).

Finalement, il a été suggéré, qu'au sein d'un organisme, les cellules sont capables de communiquer entre elles pour signaler des blessures. De nombreuses études sur le muscle cardiaque et squelettique ont suggéré que la rupture de la membrane plasmatique constituait un signal permettant la libération de facteurs de croissance dans le milieu extracellulaire. Cela permettrait ainsi la stimulation de la division cellulaire (Grembowicz et al., 1999).

En résumé, la diminution de la tension sur la membrane et l'entrée de calcium fournissent un signal clef qui favoriserait, à la fois, la diffusion de molécules stimulant la division cellulaire et le renforcement mécanique des tissus grâce aux cytosquelettes et à la machinerie de réparation.

6.4.2.7 PATHOLOGIES ASSOCIEES

Au vu de l'importance de ces mécanismes de protection et de réparation, on comprend aisément que leur absence peut aboutir à de nombreuses pathologies. En tout, de nombreux loci génétiquement distincts sont responsables de dystrophies musculaires impliquant principalement des défauts dans le DGC et donc dans la stabilité du sarcolemme (Straub and Campbell, 1997). En plus de cet ensemble de pathologies, un nouveau groupe de dystrophies musculaires comprenant les dysferlinopathies et les anoctaminopathies, a été décrit comme étant associées à des défauts de réparation de la membrane musculaire (Bolduc et al., 2010).

L'équipe du Dr Rumaisa Bashir (UK) a identifié dans deux familles, présentant un diagnostic clinique de myopathie de Miyoshi (MM), deux nouveaux loci liés à cette pathologie. Parmi ces deux loci, MMD2, situé sur le chromosome 10, a été montré comme responsable de ce phénotype (Linssen et al., 1998). Cependant aucun gène défectueux n'a encore été identifié au sein de ce locus. Le second locus appelé MMD3, situé sur le chromosome 11, est, quant à lui, responsable d'une forme autosomique récessive de dystrophie musculaire des ceintures (LGMD2L) (Jarry et al., 2007). La réparation membranaire dans les cellules de patients MMD3 est défectueuse (Jaiswal et al., 2007) . Au sein de ce locus, des mutations à l'état homozygote ont été découvertes dans le gène *TMEM16E*, qui code l'anoctamine-5. Etant donné que cette protéine possède des caractéristiques communes aux canaux chlorures classiques calcium dépendant (CaCCs : Ca^{2+}-activated Cl- channels), (Hartzell et al., 2009; Pifferi et al., 2009), il a été suggéré, que lors de la réparation membranaire, l'anoctamine pouvait fonctionner comme un canal de compensation de l'entrée massive du calcium et donc, que l'entrée de calcium même si il y a réparation, est toxique.

Au vu de l'ensemble des protéines impliquées dans la réparation membranaire et du nombre de patients atteints LGMD2B ou MM chez, qui aucune mutation dans le gène *DYSF* n'a encore été identifiée, il est raisonnable de penser que dans les années à venir, des mutations dans d'autres gènes impliqués dans des phénomènes de réparation membranaire soient identifiées, pouvant ainsi former un nouveau groupe de dystrophie musculaire à part entière.

6.4.2.8 REPARATION MEMBRANAIRE DANS LE MUSCLE SQUELETTIQUE

La cellule musculaire est une longue et large cellule multinucléée résultant de la fusion de plusieurs cellules. En raison de la taille de cette cellule et de sa fonction contractile, elle est fréquemment soumise à des stress membranaires et dispose donc de mécanismes de réparation rapides et efficaces qui lui sont propres et qui font intervenir des protéines particulières, dont la dysferline.

A. MECANISME DEPENDANT DE LA DYSFERLINE

La dysferline, dont le rôle précis n'est pas connu, partage beaucoup de similitude avec les protéines fer1 et la synaptotagmine VII qui sont des protéines impliquées respectivement dans la fusion des spermatocytes et dans la sécrétion des vésicules de cellules neuronales (voir ci-dessus).

58

Chez les patients atteints de LGMD2B ou MM ou chez les souris déficientes en dysferline, on note une accumulation de vésicules sous le sarcolemme qui pourraient servir à la réparation du sarcolemme lésé (Selcen et al., 2001) (Figure 7). Etant donné qu'en son absence, ces vésicules s'accumulent sans fusionner, il a été suggéré que la dysferline permettrait leur fusion avec le sarcolemme (Bansal and Campbell, 2004; Bansal et al., 2003; Bittner et al., 1999; Doherty and McNally, 2003; Vafiadaki et al., 2001; von der Hagen et al., 2005).

Par ailleurs, un retard de réparation membranaire a été identifié dans des myofibres isolées de souris déficientes en dysferline, en mesurant la vitesse et la diffusion intracellulaire d'un colorant fluorescent (FM1-43) (Bansal et al., 2003; Lennon et al., 2003)

B. LES DIFFERENTES ETAPES DE CE PROCESSUS

A ce jour, le mécanisme de réparation membranaire dépendant de la dysferline n'est pas clairement établi. Néanmoins, grâce aux différents partenaires de la dysferline et par analogie avec le processus de réparation dans les autres types cellulaires, un mécanisme de réparation membranaire spécifique du muscle a été proposé par Glover et collaborateurs en 2007 (Figure 7) :

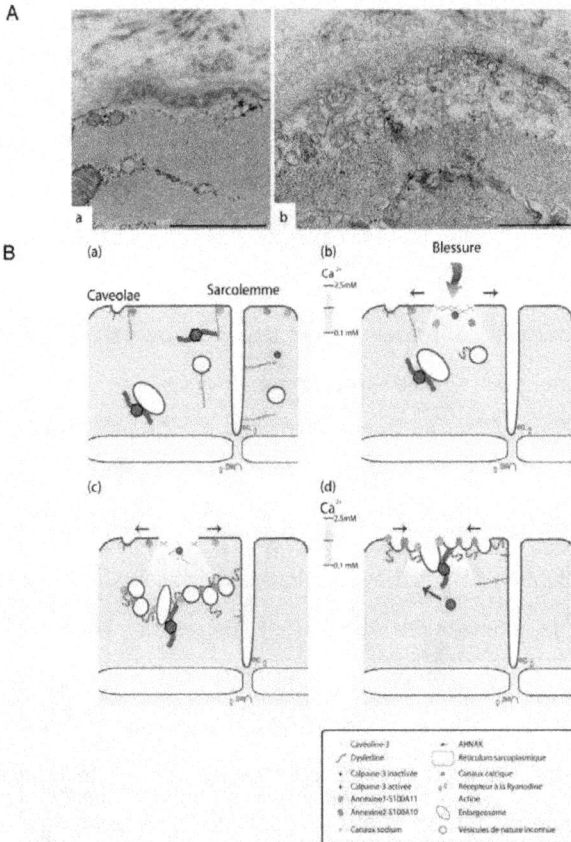

Figure 7 - Dysferline et réparation membranaire.

A. Image en microscopie électronique en transmission d'une fibre musculaire de témoin (a) et d'une fibre musculaire de patient atteints de dysferlinopathies (b). Contrairement à la fibre musculaire de témoin, on note l'accumulation de vésicules sous le sarcolemme en absence de dysferline.   (d'après Selcen Duygu, MSG, BS, et Andrew G. Engel, MD (2001). Neurologie 56: 1472-1481)

B. La réparation du sarcolemme est médiée par la dysferline à travers un mécanisme de fusion de membrane: (A) Dans le muscle squelettique adulte, la dysferline joue un rôle clef dans la réparation de la membrane. Au repos, la dysferline est à la fois localisée au niveau du sarcolemme, du tubule-T et de vésicules cytoplasmiques. Au niveau du sarcolemme, la dysferline interagit avec l'annexine 1 et 2, AHNAK et la cavéoline-3. AHNAK est une protéine présente à la surface de larges vésicules qui participent à l'exocytose rapide, appelées enlargosome. (B) Après la contraction musculaire une blessure peut survenir au niveau du sarcolemme, permettant ainsi l'entrée du calcium extracellulaire. Cette augmentation locale de calcium intracellulaire permet le recrutement de vésicules dysferline positive et des enlargeosmes au niveau de la zone blessée. (C) En se basant sur l'hypothèse du patch dans la réparation membrane, les vésicules citées ci-dessus s'accumulent sous le site de lésion, et fusionnent entre elles pour former un patch. Cette formation du patch est certainement médiée grâce aux annexine 1/S100A11 et aux annexine 2/S100A10, qui ont la capacité d'agréger et de participer à la fusion des différents types de vésicules. (D) L'arrimage et la fusion du patch avec le sarcolemme blessé vont empêcher l'entrée du calcium extracellulaire et de réduire les tensions sur le sarcolemme. Finalement ce patch va venir fusionner avec le sarcolemme afin de refermer la lésion. En absence de dysferline, ce processus de réparation membranaire est défectif.

1. Apparitions de microlésions du sarcolemme dues à des contractions et/ou élongations musculaires répétées.

2. Entrée de calcium dans la fibre musculaire et phénomène de compensation locale de la tension exercée sur le sarcolemme, grâce potentiellement, aux annexines ou par fusion de vésicules provenant des tubules-T.

3. Activation de protéases calcium dépendantes et dégradation de la lame basale sous le sarcolemme.

4. Détection de lésion membranaire et activation du mécanisme de réparation membranaire grâce à des cascades de signalisation certainement déclenchées par la rupture du sarcolemme et grâce à des molécules senseurs « du danger », dont la mitsugunine 53 (MG53) (Cai et al., 2009a; McNeil, 2009). Cette protéine est spécifiquement exprimée dans le muscle et contient un motif TRIM à l'extrémité N-terminale et un motif SPRY à l'extrémité C-terminale. Bien que cette protéine ne comporte pas de domaine transmembranaire, elle lie les membranes grâce aux phosphatidyl serines. Plusieurs études ont permi de définir son rôle de médiateur lors de la fusion membranaire et plus précisément lors du mécanisme d'exocytose dans le muscle strié. En effet, des expériences d'ARN interférence ciblant MG53 ont démontré que son absence entravait la différenciation des myoblastes, alors que

61

sa surexpression améliorait le bourgeonnement et la fusion des vésicules avec le sarcolemme. Par ailleurs, il a été montré que même en absence de calcium, l'entrée de molécules oxydatives extracellulaires seules était suffisante pour induire la dimérisation de MG53 et le recrutement de vésicules au site de lésion (Weisleder et al., 2009), ces vésicules ne fusionnant pas avec le sarcolemme en absence de calcium. Ces molécules oxydatives sont donc nécessaires pour l'oligomérisation de MG53 et semblent donc être le signal pour le recrutement des vésicules. Cette hypothèse est appuyée par l'observation suivante : contrairement aux cellules MG53 -/-, les cellules dysferline -/- ont une accumulation normale de vésicule au site de lésion, ce qui implique que leur défaut se trouve dans une étape ultérieure du processus de réparation (Figure 7).

5. Transport et guidage des vésicules au site de rupture. Cette étape s'effectuerait grâce aux microtubules qui serviraient de moteur pour le transport des vésicules et grâce à MG53 (qui permettrait de guider ces vésicules). Parmi les protéines impliquées dans ce phénomène, la bêta-parvine (également appelée affixine) semble y participer. Cette protéine interagit avec l'ILK (integrin-linked kinase-binding protein) (Yamaji et al., 2001; Yoshimi et al., 2006). Elle est composée de 2 domaines CH en tandem (Calponine Homology Domain), qui sont prédits comme des zones de liaison avec l'actine. Cette protéine

interagit avec la région C-terminale de la dysferline par son domaine CH (N-terminal) dans la cellule musculaire (Han and Campbell, 2007; Matsuda et al., 2005). De plus, il a été montré que la dysferline interagissait via ses domaines C2A et C2B avec l'alpha-tubuline (Azakir et al., 2010). Cette protéine constitue avec la béta-tubuline les dimères de tubuline composants les protofilaments. L'assemblage de 13 de ces protofilaments forme le microtubule, qui permet d'acheminer divers composants, tels que des vésicules vers leurs extrémités. On peut donc penser que l'interaction dysferline avec affixine et alpha-tubuline permet le transport de vésicules vers les différents compartiments de la cellule musculaire.

6. Accumulation de ces vésicules de nature inconnue sous le site lésé.

7. Formation d'une rustine par agrégation vésiculaire ou arrimage d'enlargeosomes au niveau du site de rupture grâce aux annexines, aux protéines S100, AHNAK et leurs interactions avec la dysferline (Huang et al., 2007; Lennon et al., 2003; Rezvanpour and Shaw, 2009). Plusieurs observations soutiennent cette hypothèse :

   a. Dans le muscle, il a été montré que l'annexine A1 est concentrée au niveau de la lésion en présence de calcium et qu'elle est nécessaire pour réparer les lésions membranaires (McNeil et al., 2006). Cette protéine est dissociée de la dysferline quand il y a rupture du sarcolemme formant alors des hétérotétramères avec la protéine S100A11. De façon similaire, l'annexine A2 lie également la dysferline et la protéine S100A10, et facilite l'arrimage ainsi que la fusion des vésicules (Han and Campbell, 2007; Lennon et al., 2003).

b. Ces 2 protéines sont localisées au niveau du sarcolemme et sont délocalisées chez les souris SJL/L (déficiente en dysferline). Elles seraient dégradées par la calpaïne 3 (Taveau et al., 2003).

c. Les annexines A1 et A2 sont également retrouvées à la surface des enlargeosomes (Borgonovo et al., 2002; Lorusso et al., 2006; McNeil et al., 2006). En effet, des travaux récents ont montré des vésicules comprenant l'annexine A2/S100A10, l'actine et AHNAK (Benaud et al., 2004) sont concentrées au niveau des sites de lésions du sarcolemme (Lennon et al., 2003). De plus, AHNAK est fortement exprimée dans le muscle squelettique (Gentil et al., 2003) et est également connue pour interagir avec le domaine C2A de la dysferline (Huang et al., 2007). Il est à noter que ces deux protéines sont colocalisées au niveau du sarcolemme mais également au niveau du tubule-T (Huang et al., 2008; Klinge et al., 2010b). L'interaction dysferline-AHNAK semble importante puisqu'on peut mettre en évidence un déficit secondaire muscle spécifique d'AHNAK chez des patients atteints de LGDM2B et LGMD1C (Hernandez-Deviez et al., 2006). Un hétérodimère formé de dysferline et AHNAK semble régulé par la calpaïne-3 (Huang et al., 2008) qui est capable, de manière directe ou indirecte, de moduler la présence de la dysferline et d'AHNAK à la membrane.

8. Afin de refermer la lésion, il a été proposé par (Glover and Brown, 2007), que les vésicules/rustines arrimées vont alors fusionner avec le sarcolemme.

9. Comme la surface membranaire s'est agrandie lors de la réparation, un processus d'endocytose compensatoire est certainement mis en place pour rétablir la surface du sarcolemme.

En absence de dysferline, les étapes de fusion des vésicules (entre elles et/ou avec le sarcolemme) et d'endocytose semblent défectueuses.

Une des problématiques non abordées dans la revue de (Glover and Brown, 2007), mais discutée dans la littérature, concerne les dernières étapes de la réparation membranaire. En effet, comme mentionné précédemment, il a été montré récemment que la réparation de lésion membranaire nécessitait un phénomène d'endocytose calcium-dépendant (Idone et al., 2008a). Plusieurs données indiquent la présence d'un mécanisme d'endocytose compensatoire dépendant de la cavéoline-3 (membre de la famille des cavéolines) qui permettrait de rétablir la surface globale de la cellule (Cocucci et al., 2004; Hernandez-Deviez et al., 2008) .

Les cavéolines sont des protéines membranaires qui forment des oligomères produisant de petites invaginations de la membrane nommées « caveolae » (les cavéoles) (Severs, 1988). Les cavéoles sont impliquées dans le trafic de protéines, dans la transduction de signaux et dans l'homéostasie du cholestérol (Anderson, 1993; Smythe et al., 2003). Il existe 4 isoformes de cavéoline dont une cavéoline spécifique de la cellule musculaire appelée M-cavéoline ou cavéoline-3 (Parton et al., 1997; Way and Parton, 1995). La cavéoline-3 interagit avec plusieurs partenaires dans le muscle en particulier la dysferline (Matsuda et al., 2001).

Il a été proposé que le rôle de la cavéoline-3 soit de réguler le processus d'endocytose qui est nécessaire à la réparation membranaire (Hernandez-Deviez et al., 2008). En effet, la cavéoline-3 et la dysferline sont localisées au niveau des tubules-T dans les fibres musculaires en régénération et à son extrémité (Lee et al., 2002; Murphy et al., 2009). De même, dans le muscle squelettique strié, des observations récentes ont révélé que le maintien de la dysferline au niveau de la membrane nécessitait la présence de la cavéoline-3 (Hernandez-Deviez et al., 2008). Ces observations ont suggéré un rôle de la cavéoline-3 dans le transport post-golgi de la dysferline vers des domaines spécifiques de la membrane tel que le tubule-T.

Il a été montré dans le muscle squelettique que certains partenaires de la dysferline étaient endocytés après exocytose des vésicules de réparation :

- l'exocytose de vésicules MG53 est compensée par un processus d'endocytose cavéoline-3 dépendant.
- L'annexine A2 est également présente au niveau de vésicules d'endocytose (Hayes et al., 2004a; Hayes et al., 2004b).

De plus, cette hypothèse est appuyée par le double rôle que jouent les synaptotagmines I et VII dans le trafic membranaire : exocytose Ca2+-dépendant de vésicules intracellulaires et le recrutement de complexes protéiques promouvant l'endocytose de ces mêmes vésicules (Dasgupta and Kelly, 2003; Jarousse et al., 2003). Il semblerait donc que le phénomène d'endocytose soit important dans le maintien et la réparation de la fibre musculaire. Il est important de noter, toutefois, que les vésicules d'endocytose générées au niveau des sites de lésion n'ont pas la morphologie des cavéoles et ne semblent pas emprunter les voies d'endocytose classiques (vésicules recouverte de clatherine et dont le détachement est dynamine-dépendant) (Cocucci et al., 2004; Hernandez-Deviez et al., 2008).

C. REGULATION DU MECANISME DE REPARATION MEMBRANAIRE

Ce mécanisme, faisant intervenir de nombreuses protéines, semble régulé par la calpaïne 3, protéase calcium-dépendante non lysosomale (94kD, 841 acides aminés), qui est seulement exprimée dans le muscle et faisant partie de la famille des calpaïnes (Jia et al., 2001) (Figure 7).

La calpaïne-3 est impliquée dans diverses fonctions dont : le clivage des stries Z, la stabilisation du muscle squelettique en régulant la titine, et l'activation des voies IκBα/NFκB (Beckmann and Spencer, 2008; Duguez et al., 2006; Fougerousse et al., 1998; Laure et al., 2010; Richard et al., 2000).

Il a été montré par co-immunoprécipitation que la dysferline et la calpaïne 3 font parti du même complexe (Huang et al., 2005). La calpaïne-3 est capable de réguler la réparation en médiant le clivage des annexines A1 et A2, protéines interagissant avec la dysferline (Lennon et al., 2003). Huang et collaborateurs ont démontré que la protéase calpaïne-3 était capable d'interagir et de cliver AHNAK *in vitro* et que ces deux protéines sont colocalisées dans le muscle squelettique humain (Huang et al., 2008). Chez les patients LGMD2A, la protéine AHNAK est surexprimée tandis que la dysferline est très fréquemment sous-exprimée (Anderson et al., 2000). Il a également été mis en évidence que la protéolyse d'AHNAK par la calpaïne-3 empêchait son interaction avec la dysferline, suggérant que la calpaïne-3 pourrait être un régulateur du complexe de réparation AHNAK-dysferline-annexine (Huang et al., 2008).

6.4.3 IMPLICATION DE LA DYSFERLINE DANS L'ORGANISATION DU TUBULE-T

Outre son rôle dans la réparation du sarcolemme, la dysferline est également impliquée dans la mise en place des tubules-T, par son interaction avec la cavéoline 3 (Hernandez-Deviez et al., 2006; Minetti et al., 2002; Parton et al., 1997; Volonte et al., 2003). La dysferline est exprimée à des stades précoces du développement musculaire et est localisée principalement à la périphérie de la fibre musculaire matures (Anderson et al., 1999). Chez l'adulte, dans les muscles sains, seule une faible proportion de dysferline colocalise avec les T-tubules (Ampong et al., 2005; Huang et al., 2007; Klinge et al., 2010b). En revanche, la dysferline est localisée principalement au niveau du tubule-T lors la régénération de la fibre musculaire (Huang et al., 2007; Klinge et al., 2010b). C'est ainsi qu'il a été suggéré que la dysferline serait impliquée dans le développement des tubules-T. Cette hypothèse est étayée par les observations suivantes : Certaines mutations de la cavéoline 3 résultent en une délocalisation ou une réduction de l'expression de la dysferline (Walter et al., 2003). Or l'analyse de cellules en culture provenant de patients atteints de cavéolinopathies a montré une diminution des cavéolae, une rupture des tubules-T et une expression altérée de nNos (NO synthase neuronale) (Bucci et al., 2000).

De manière intéressante, chez les souris *dysf -/-* et *cav3 -/-*, les tubules-T sont présents mais arborent des morphologies anormales (Carozzi et al., 2000; Galbiati et al., 2001; Klinge et al., 2010b; Parton et al., 1997). Des observations similaires ont été reportées chez les souris déficientes en bin 1, protéine membre de la famille des BAR qui sont impliquées dans le développement des tubules-T (Lee et al., 2002; Muller et al., 2003; Suetsugu, 2010).

La dysferline semble donc être impliquée dans l'organisation du tubule-T et il serait intéressant d'étudier son rôle dans ce processus, afin de comprendre la physiopathologie des dysferlinopathies. En effet, la présence et l'organisation des tubules-T sont des éléments importants pour l'homéostasie du muscle squelettique, puisque des défauts dans la cavéoline-3 ou bin-1 sont associés à des pathologies musculaires (Chidlow and Sessa, 2010).

Une des hypothèses, ayant été avancée quant au rôle de la dysferline au niveau du tubule-T, pourrait être la génération de vésicules, qui seraient impliquées dans le phénomène de réparation (Huang et al., 2007). En effet, des vésicules dysferline et cavéoline 3 positives fusionneraient avec les tubules-T avec le récepteur dihydropyridine (DHPR) dans le muscle squelettique adulte (Ampong et al., 2005). Ce DHPR est un canal calcique voltage-dépendant, de type L composé des sous-unités $\alpha 1$, $\alpha 2$, β et γ (Melzer et al., 1995). La sous unité $\alpha 1$ est une protéine transmembranaire qui comporte les éléments fonctionnels de la famille de ces canaux. La sous unité β, quant à elle, est une protéine intracellulaire essentielle pour le couplage excitation-contraction. En ce qui concerne les autres sous unités, leur rôle n'est pas clairement défini. Bien que la dysferline co-immunoprécipite avec DHPR (Ampong et al., 2005), aucune interaction directe n'a pu être mise en évidence. Les auteurs de ce papier suggèrent que comme la cavéoline 3 interagit directement avec DHPR, la dysferline aurait été séquestrée dans ce complexe lors de l'immunoprécipitation. Cette hypothèse est corrélée avec les données obtenues par l'équipe de Kate Bushby (Klinge et al., 2010b). En effet, en fonction des différents stades de formation des tubules-T, la dysferline ne colocalise que très partiellement avec DHPR.

Cette hypothèse semble également confortée par la re-localisation de la dysferline au niveau du tubule-T lors de la régénération des fibres (Huang et al., 2007; Klinge et al., 2010b). Ce compartiment agirait ainsi comme un « réservoir » à membrane qui servirait de source de vésicules en cas de lésion membranaire. De même après réparation, ces vésicules seraient endocytées et adressées de nouveau dans ce compartiment. Ces hypothèses tendraient donc à supporter un rôle de fusion de la dysferline. En outre, il est aussi possible que, grâce à son rôle de fusion, la dysferline soit impliquée dans le processus d'élongation du tubule-T pendant le développement et à la formation/régénération des myotubes (Matsuda et al., 2001).

6.4.4 IMPLICATION DE LA DYSFERLINE DANS LES PHENOMENES D'INFLAMMATION/REGENERATION

Comme dans d'autres dystrophies musculaires, l'absence de dysferline entraîne une accumulation de dégâts au niveau du sarcolemme des cellules musculaires. Le mécanisme, par lequel ces lésions membranaires conduisent à la mort cellulaire, est inconnu, mais il est possible (voir ci dessous) que le calcium, qui s'accumule dans la fibre musculaire lésée, active des protéines impliquées dans la transduction des voies de mort cellulaire ou induise directement une nécrose par activation de protéase (Figure 8a). L'absence de dysferline entraîne un phénotype distinct des autres dystrophies, dans lesquelles on constate souvent un niveau élevé d'inflammation dans le muscle. De plus, il est important de rappeler que les monocytes/macrophages expriment la dysferline à un niveau équivalent à celui des myocytes cardiaques (résultats obtenus par RT-qPCR et non publié). En réponse à des lésions cellulaires et/ou la mort cellulaire, le système immunitaire s'active pour permettre l'élimination des cellules nécroptiques (nécrose programmée des cellules ou nécroptose) par le système immunitaire (Hitomi et al., 2008; Osborn et al., 2010). Toutefois il peut également causer des dommages supplémentaires aux cellules voisines saines par une boucle de rétroaction positive (Figure 8b).

A

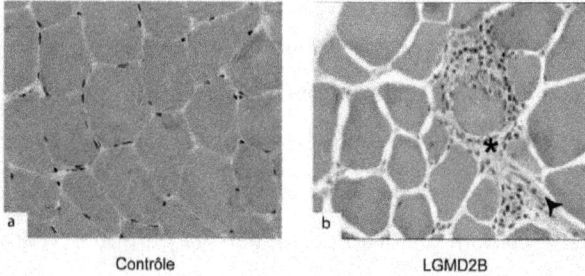

Contrôle   LGMD2B

B

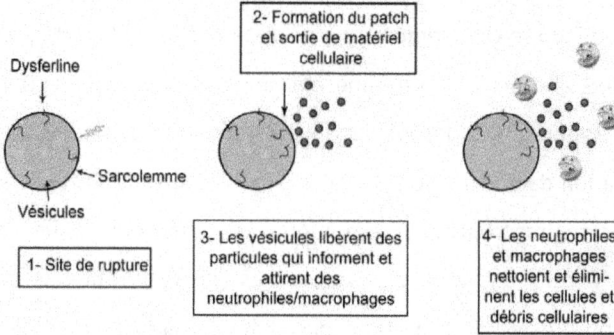

Figure 8 - Implication du processus inflammatoire dans les dysferlinopathies.
A. Histologies réalisées sur des biopsies musculaires. a. Chez le contrôle, les fibres musculaires sont parfaitement accolées, et les noyaux sont à la périphérie (marquage violet). b. Chez le patient LGMD2B, il y a une centro-nucléation des noyaux ainsi que la présence d'un infiltrat inflammatoire (astérique) ainsi que de fibrose (flèche).
B. Représentation schématique du processus inflammatoire. 1 - En présence de dysferline, la rupture survenue au niveau du sarcolemme va permettre l'entrée de calcium et la libération de facteurs pro-inflammatoires.
2 et 3 - Il y a alors formation d'un patch, qui lors de sa fusion avec le sarcolemme, va permettre la libération de particules inflammatoires. 4 -Finalement, ces particules permettent le recrutement de macrophages et de neutrophiles, qui phagocyteront alors, les débris cellulaires. En absence de dysferline et donc de réparation membranaire, la libération massive de facteurs pro-inflammatoires permet le recrutement de macrophages qui phagocytent la fibre lésée mais également les fibres musculaires adjacentes.

Il a été suggéré, que le fait de réduire cette réponse immune ou d'empêcher la mort des cellules du muscle, pouvait être des stratégies thérapeutiques potentielles. Il existe différentes façons de réduire l'inflammation :

- soit en perturbant cette boucle de rétroaction positive (Shen et al., 2008).

- soit en bloquant les cellules nécroptiques afin de réduire l'inflammation musculaire. Ces cellules nécrotiques programmées dont l'initiation de la mort cellulaire est due à l'activation du récepteur de mort (TNFR1, tumour necrosis factor receptor 1) par deux kinases (RIP1 et RIP3, receptor activating kinase). Cette activation a pour conséquence la désintégration des mitochondries, des lysosomes et de la membrane plasmique (Vandenabeele et al., 2010).

Il a été montré que l'expression de CD55/DAF1 (delay accelerating factor ; un régulateur du complément) est significativement réduite dans le muscle squelettique des souris SJL/J et chez les patients LGDM2B (Wenzel et al., 2005). Les myoblastes primaires provenant de ces patients présentent une susceptibilité accrue à l'activité lytique du complément, suggérant que le blocage de l'activité du complément pourrait réduire la mort des cellules. De plus, les souris A/J, qui présente un défaut dans le facteur C5 du complément, ont un phénotype moins sévère que les souris SJL/J (Wenzel et al., 2005). Au vu de ces observations, l'équipe du Dr. Spuler en 2007 a essayé de traiter trois patients LGMD2B/MM avec des immunoglobulines administrées en intra veineux (IVIG). L'utilisation de ces anticorps permet de saturer l'activité du complément et les patients ayant reçu le traitement ont ressenti une amélioration de la force musculaire. En revanche, la préparation des IVIG est encore trop hétérogène et entraîne de nombreux d'effets secondaires, ce qui restreint leur utilisation.

De plus, une activité importante de phagocytose a été découverte dans des monocytes de patients LGMD2B et dans des macrophages murins SJL/L. Ces patients ont une surexpression de plusieurs protéines impliquées dans le trafic vésiculaire (Nagaraju et al., 2008) dont la voie Rab27A/Slp2a. Ces résultats ont suggéré que ce trafic vésiculaire alternatif est induit pour compenser l'absence de dysferline, mais que ce mode de compensation s'accompagne également d'une libération anormale, dans le milieu extracellulaire, du contenu de ces vésicules. Cette libération de signaux paracrine pourrait permettre le recrutement des cellules T cytotoxiques et de cellules NK (natural killer), conduisant à la formation d'une inflammation locale et finalement à la mort de la fibre.

Bien que l'implication de la dysferline dans la réparation du sarcolemme soit largement acceptée *in vitro*, on ne sait pas ce qu'il arrive aux fibres musculaires *in vivo* après une blessure chez les modèles animaux déficients en dysferline. Pour étudier ce phénomène, une technique de contraction aiguë excentrique (Lovering et al., 2007) a été mise en place pour mimer les blessures musculaires. Cette technique a permis de quantifier la fonction contractile, de suivre des marqueurs de l'inflammation et de la régénération musculaire chez des souris sur plusieurs semaines. Les résultats démontrent que les souris A/J ne sont pas plus vulnérables aux blessures que les souris témoins. Les fibres musculaires peuvent donc survivre aux blessures provoquées par la contraction pendant au moins 3 jours, mais elles sont ensuite éliminées par la nécrose et l'inflammation chez les souris A/J pendant la période de récupération. Elles mettent donc plus de temps pour se rétablir des dommages musculaires subis puisque les fibres lésées sont remplacées par myogenèse (Roche et al., 2008).

La régénération des muscles dysferline déficients nécessite donc une myogenèse retardant ainsi le retour de la fonction contractile (Roche et al., 2010).

Ce processus d'inflammation exacerbé serait une conséquence indirecte de l'absence de dysferline puisque :

- il a été montré que les fibres musculaires de souris déficientes en dysferline étaient réparées mais plus lentement (Roche et al., 2008; Roche et al., 2010). Ce serait l'exocytose d'autre type de vésicules (provenant par exemple des lysosomes qui sont des compartiments acides et riches en enzyme lytique), qui permettrait la réparation de la fibre. Etant donné que l'exocytose du contenu de ces vésicules étant de composition différente, cela aurait pour conséquence cette réponse inflammatoire exacerbée,

- comme nous venons de le voir, les fibres lésées déficientes en dysferline sont réparées mais plus lentement, permettant ainsi une entrée massive d'ions calcium. Or, il a été suggéré que ce phénomène pourrait être l'évènement déclenchant la mort cellulaire programmée de la fibre musculaire (Millay et al., 2009b). En effet, un des mécanismes majeurs conduisant à la nécrose cellulaire est la surcharge de calcium au niveau de la mitochondrie, ce qui favorise secondairement la libération d'espèces réactives de l'oxygène (ROS) (Gissel, 2005; Isaeva et al., 2005). L'élévation du calcium peut aussi conduire à une nécrose des myotubes par activation de protéases calcium-dépendantes, qui clive ainsi les protéines contractiles de la fibre.

C'est l'équipe du Dr. Molkentin qui a mis en évidence qu'une augmentation massive de la concentration de calcium intracellulaire active la voie de d'apoptose médiée par la mitochondrie dans les fibres musculaires (Millay et al., 2008). Pour cela, ils ont utilisé des souris *ppif* déficientes (gène codant la cyclophiline D, qui est un récepteur mitochondrial de la cyclosporine A et un composant du pore de transition favorisant son ouverture en cas de surcharge calcique). Ces souris sont donc insensibles à la surcharge de calcium au niveau de la mitochondrie.

Cette équipe a croisé des souris *dysf* -/- avec des souris *Ppif* -/- afin de déterminer si l'entrée constante de calcium dans la fibre musculaire était la cause principale de sa nécrose, en absence de dysferline. Les

77

croisements effectués ont permis la correction de l'aspect dystrophique. Deux conclusions sont à tirer de ces expériences : 1) La cause principale des dysferlinopathies est l'absence de dysferline dans le muscle squelettique et non son absence dans les cellules du système immunitaire, comme cela avait été proposée (Kesari et al., 2008; Nagaraju et al., 2008; Rawat et al., 2010; Roche et al., 2010). Le mécanisme en cause ne serait donc pas une augmentation de l'inflammation mais plutôt la mort cellulaire déclenchée par l'entrée massive de calcium. 2) Cette approche permet d'imaginer de traiter les patients avec des vecteurs exprimant la dysferline et ciblant uniquement le muscle squelettique.

Le calcium est donc un élément clef permettant d'activer les différentes étapes de la réparation membranaire et de réguler la survie de la fibre musculaire.

7   STRATEGIES THERAPEUTIQUES :

A ce jour, il n'existe aucun traitement capable de guérir les patients atteints de dysferlinopathies. Ils ne disposent que de traitements palliatifs.

7.1   TRAITEMENT SYMPTOMATIQUE ET PRISE EN CHARGE DES PATIENTS

Environ 80% des patients atteints de MM restent ambulants tout au long de leurs vies (Urtizberea et al., 2008). En revanche, l'usage d'un fauteuil roulant est souvent nécessaire pour les patients atteints de LGMD2B, après deux ou trois décennies de progression de la maladie. Les patients DMAT nécessitent l'utilisation d'étriers afin de lutter contre les phénomènes de pied tombant.

La prise en charge pluridisciplinaire est toujours préférable et doit combiner l'expertise d'au moins un neurologue, des spécialistes en réadaptation (kinésithérapeute et ergothérapeute) et de personnel paramédical (ergothérapeute, un physiothérapeute et travailleurs sociaux). Cet encadrement est de la plus haute importance pour assurer le suivi régulier du patient, notamment en l'absence de médicaments curatifs. Non seulement pour évaluer la progression de la maladie et intervenir en conséquence, mais aussi afin de suivre le patient dans la perspective d'essais cliniques. Une surveillance des fonctions cardio-respiratoires est aussi un élément important, même si de telles complications restent exceptionnelles, dans le cas des dysferlinopathies.

La prise en charge orthopédique (appareillage) doit être précoce et adaptée à chaque situation. Elle permet de lutter contre les conséquences néfastes de la maladie, en maintenant notamment, la souplesse des articulations (la perte de la force musculaire peut entraîner des déformations articulaires). Les aides techniques peuvent aussi compenser la perte de certaines fonctions motrices. Les opérations chirurgicales sont rarement nécessaires dans les dysferlinopathies.

Avant de discuter des diverses approches thérapeutiques que l'on pourrait appliquer aux dysferlinopathies, il est important de souligner qu'il existe plusieurs modèles murins de dysferlinopathies. Même s'ils sont loin de reproduire les signes cliniques observés chez les patients, ils ont permis d'étudier certaines fonctions de la dysferline et permettront à l'avenir de tester chez l'animal, les différentes thérapies.

7.2 LES MODELES MURINS:

Il existe plusieurs souris modéles déficientes en dysferline (Figure 9):

* Les SJL/J : elles possèdent une mutation homozygote dans le site donneur d'épissage, situé en 3' de l'exon 45, qui entraîne une délétion au niveau de l'ARNm (171 pb, aa1628-1685) (Weller et al., 1997). Cette délétion supprime une partie du domaine C2F de la protéine. Au niveau phénotypique des lésions musculaires peuvent être détectées vers environ 1 mois. Toutefois à ce stade, il n'y a que très peu de différences phénotypiques en comparaison avec des souris témoins. Ces souris développent une myopathie dans les muscles squelettiques vers l'âge de 6-8 mois, principalement avec une atteinte des muscles proximaux, entraînant une faiblesse musculaire progressive. L'atrophie musculaire débute vers 10 mois, et il y a environ 50% d'infiltrat lipidique dans les fibres musculaires vers l'âge de 16 mois (Bittner et al., 1999). Les souris ont également d'autres symptômes, notamment une forte présence de lymphomes vers l'âge de 10-14 mois, une susceptibilité accrue aux maladies auto-immunes et aux infections virales (Rayavarapu et al.,

2010). Par ailleurs, les mâles sont extrêmement agressifs. Enfin, il est à noter que ces souris sont également mutées à l'état homozygote dans le gène Pde6b (gène entraînant une dégénérescence rétinienne) (Vafiadaki et al., 2001).

- Les A/J : ces souris ont un retrotransposon ETn (early retrotransposon) de 5-6kb inséré dans l'intron 4 du gène de la dysferline à l'état homozygote, ayant pour conséquence une cassure du cadre de lecture protéique (Ho et al., 2004). Au niveau symptomatique, les signes histologiques de la dystrophie n'apparaissent que vers 4-5 mois et la faiblesse musculaire progresse lentement. Les muscles abdominaux sont les plus gravement touchés, suivie par les muscles proximaux, finalement les muscles distaux. Les souris ont également d'autres symptômes, notamment une forte apparition d'adénomes pulmonaires et d'adénocarcinomes mammaires. Elles possèdent également des mutations à l'état homozygote pour les gènes Cdh23 (gène impliqué dans la surdité liée à l'âge) et pour le gène C5 (entraînant des déficiences du complément).

- Les B6.129-Dysftm1Kcam/Mmmh : elles sont porteuses d'une délétion de 12kb à l'état homozygote comprenant les exons 53 à 55 (aa1983-2080), enlevant le domaine transmembranaire de la dysferline. Au niveau phénotypique, des fibres nécrotiques peuvent être détectées par examen histologique vers environ 2 mois. La myopathie est évidente vers l'âge de 8 mois (Bansal et al., 2003).

- Les dysf-/- : cette lignée de souris possède la même mutation que les SJL/J, qui supprime une partie du domaine C2F de la protéine. Le phénotype observé ressemble à celui des SJL/J mais des petites différences sont présentes, certainement dues à des différences de fond génétique. La dégénérescence des fibres musculaires peut être détectée par un examen histologique vers l'âge de 2 mois, principalement dans les muscles proximaux et abdominaux. La myopathie est évidente dans tous les muscles squelettiques vers l'âge de 6 mois et à l'âge de 8 mois, les souris montrent une faiblesse musculaire dans les membres postérieurs (Ho et al., 2004).

- Les C57BL/10.SJL-Dysf : Elles possèdent la même mutation que les SJL/J mais ont été croisées sur plusieurs générations avec des souris C57BL/10. Elles possèdent un fond génétique homogène à plus de 99,5%. Ces souris révèlent à l'examen des modifications histologiques musculaires, avec présence d'infiltrat inflammatoire. La dystrophie peut être détectée à environ 3 semaines. Il est à noter que l'atteinte et la proportion des faiblesses musculaires sont différentes de celles observées chez les SJL/J : les muscles proximaux et distaux sont plus sévèrement touchés (von der Hagen et al., 2005).

- Les C57BL/6J-Chr 6A/J/NaJ: Elles possèdent la même mutation que les A/J mais elles ont été croisées sur plusieurs générations avec des souris C57BL/6, et disposent donc d'un fond génétique homogène à plus de 99,5% (Lostal et al., 2010).

- La progression de la maladie chez ces différents modèles de souris est similaire pour les modèles *dysf-/-*, SJL/J, B6.129-Dysftm1Kcam/Mmmh, et C57BL/10.SJL, mais elle est plus lente chez les souris A/J. Comme pour les souris SJL/J et A/J, les souris *dysf-/-* ont les muscles proximaux plus sévèrement touchés que les muscles distaux. Les souris A/J et *dysf-/-* ont également les muscles abdominaux touchés.

- Cependant, malgré les différents modèles « spontanés » ou créés, aucun modèle ne reproduit parfaitement la pathologie observée chez l'homme en particulier sa spécificité et le caractère inflammatoire. C'est pourquoi il est donc difficile de montrer l'efficacité d'une approche thérapeutique, en utilisant ces modèles (Rayavarapu et al., 2010).

- Dans les sections suivantes, nous discuterons des différentes stratégies thérapeutiques existantes et qui ont été principalement développées pour essayer de traiter les patients atteints de dystrophie musculaire de Duchenne de Boulogne.

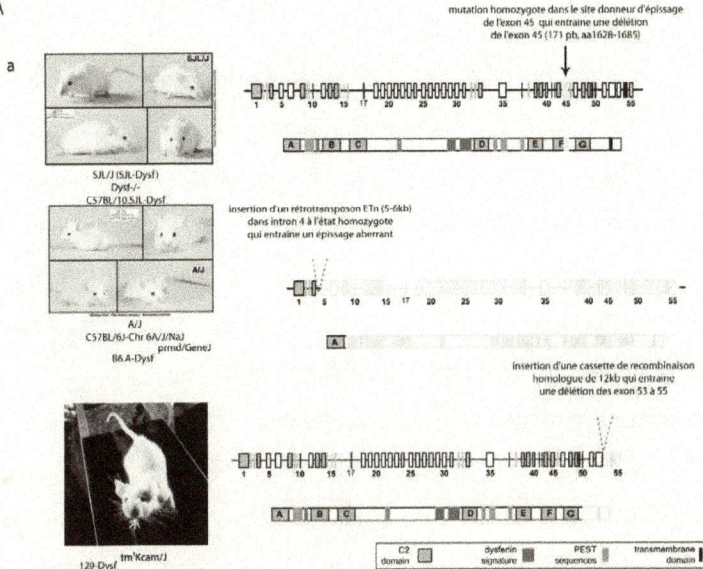

Figure 9 - Les modèles murins déficients en dysferline.
A. Photographies des modèles souris et représentation des anomalies génétiques et de leurs conséquences au niveau protéique.
B. Tableau descriptif des différents modèles murins déficients en dysferline.

7.3   THERAPIE PHARMACOLOGIQUE :

Cette pathologie a beaucoup été étudiée et ce, pour plusieurs raisons : 1) c'est la dystrophie musculaire la plus fréquente (1 cas pour 3000 garçon) ; 2) elle est causée par des anomalies récessives dans le gène de la dystrophine qui est présent sur le chromosome X. Ainsi seules les personnes de sexe masculin sont touchées. Comme il n'y a qu'un seul allèle à cibler, la majorité des études et donc des avancées thérapeutiques ont été étudiées dans cette pathologie.

Or cette dystrophie musculaire ressemble en beaucoup de points aux dysferlinopathies : elle affecte un grand gène codant une protéine localisée au niveau de la membrane (plus précisément au niveau du cytosquelette cortical), et des foyers d'inflammation et des signes dystrophiques sont présents. Même si les dysferlinopathies sont des maladies autosomiques récessives, on peut penser que certaines des stratégies développées pour cette pathologie, pourraient être applicables aux dysferlinopathies. Comme certains traitements pharmacologiques ont eu des effets bénéfiques pour les patients atteints de DMD, plusieurs tests ont été réalisés dans le cadre des dysferlinopathies. Ces approches ont visé soit à restaurer la production d'une protéine dysferline, soit à bloquer certains effets indésirables dus à la maladie.

7.3.1 APPROCHE VISANT A DIMINUER LE PHENOMENE INFLAMMATOIRE

On a longtemps pensé à tort, comme discuté précédemment, qu'une des causes primaires des dysferlinopathies était due à une inflammation exacerbée (Roche et al., 2008). C'est ainsi que deux approches visant à diminuer ce processus ont été employées : l'utilisation des corticoïdes et l'utilisation d'anticorps bloquants.

Les corticostéroïdes ou corticoïdes sont des hormones stéroïdiennes naturelles sécrétées chez les êtres humains par le cortex de la glande surrénale. Parmi leurs différents effets, les corticoïdes agissent sur l'ensemble des acteurs de l'immunité et de l'inflammation en inhibant principalement la transcription des cytokines pro-inflammatoires, et en diminuant la différenciation et l'activité des macrophages (Bijlsma et al., 2010; Vestergaard, 2008). L'usage de ces molécules à long terme entraîne cependant de nombreux effets secondaires tels que des problèmes gastriques, une diminution des défenses immunitaires, une répartition anormale des graisses, une fragilisation des os ainsi que certains phénomènes de cortico-dépendance.

C'est pourquoi l'usage des corticoïdes (prednisone, deflazacort) est encore soumis à de nombreuses controverses. Beaucoup de patients diagnostiqués à tort comme atteint par une polymyosite, ont reçu par erreur des corticoïdes, parfois pendant une longue période sans qu'aucune amélioration clinique n'est pu être observée. Un essai clinique en aveugle est cependant en cours en Allemagne (Pimentel et al., 2008) ; http://clinicaltrialsfeeds.org/clinical-trials/show/NCT00527228).

En 2007, Hattori et collaborateurs ont décrit l'utilisation d'un corticoïde, le dantrolène©, en tant que traitement potentiel des MM (Hattori et al., 2007). Ils ont décrit une variation du niveau des CpK avant et après traitement par le dantrolène, mais il semble qu'aucune amélioration n'ait été observée sur le plan clinique.

En 2009, le Dr Torrente et ses collègues (Lerario et al., 2010) ont publié des résultats prometteurs en ce qui concerne l'augmentation de la force musculaire chez des patients MM. En effet, ils ont montré que l'utilisation du rituximab© (anticorps monoclonal chimérique humain/murin reconnaissant des cellules B CD20-positives), permet une augmentation de la force musculaire des poignées, sans présence d'effet secondaire. Suite à ces résultats, les auteurs ont suggéré un rôle de la cellule B dans la physiopathologie des patients atteints de MM (Lerario et al., 2010).

D'autres cliniciens travaillent aussi au niveau des processus immunitaires afin de lutter contre l'initiation de l'inflammation. Des immunoglobulines intraveineuses (IV-IG) et d'autres agents immunosuppresseurs (dont certains sont plus spécifiques à certaines populations lymphocytaires) sont également à l'étude dans des essais thérapeutiques de phase 1 (essai lancé en Juin 2009) (communication avec le Dr Spuler).

Pour conclure, même si l'inflammation n'est pas le responsable des dysferlinopathies, réduire ce processus pourrait malgré tout ralentir la progression de la maladie et dans cette optique, l'utilisation des IV-IG pourrait être l'une des approches la plus prometteuse.

7.3.2 APPROCHE COMPENSATRICE POUR LA PERTE MUSCULAIRE

Il existe à ce jour plusieurs façons de compenser la perte musculaire : soit en diminuant les contraintes exercées sur le muscle, soit en augmentant la masse musculaire.

Le dantrolène fait partie de cette première catégorie. C'est un myorelaxant qui inhibe la libération des ions calcium par le réticulum sarcoplasmique des cellules musculaires. Toutefois, même s'il a été décrit dans la littérature que l'usage du dantrolène pourrait améliorer le taux des CPK, aucun bénéfice n'a pu être démontré au niveau clinique (Hattori et al., 2007).

Une des stratégies développées à l'heure actuelle pour les DMD est un traitement pharmacologique visant à inhiber la myostatine (Figure 10). La myostatine ou GDF8 (Growth Differentiation Factor 8) possède une fonction inhibitrice de la croissance musculaire (Bogdanovich et al., 2002; Lee and McPherron, 2001). Lorsque la myostatine se lie à son récepteur, elle déclenche une cascade de signaux conduisant au blocage de la prolifération et de la différenciation des cellules satellites. A l'inverse, il a été montré que l'inhibition de la myostatine favorise la croissance (taille et nombre) des fibres musculaires et que cela réduisait les processus dystrophiques chez des modèles animaux de dystrophies musculaires (Bartoli et al., 2007).

Cette stratégie semblait donc particulièrement intéressante et plusieurs méthodes pour bloquer l'effet de la myostatine ont été développées, telles que la capture de la myostatine active par des anticorps (Whittemore et al., 2003), l'inactivation de celle-ci par un propeptide synthétique (Bartoli et al., 2007), le blocage de son récepteur (Lee and McPherron, 2001) ou encore la stimulation de la production de follistatine qui est un inhibiteur naturel de la myostatine (Hill et al., 2002).

Il est fortement probable que les stratégies visant à augmenter la masse musculaire ne puissent être bénéfiques dans le cas des dysferlinopathies. En effet, même si l'on augmente le diamètre et le nombre de fibres musculaires, elles ne retrouveront pas leurs capacités de réparation membranaire. De plus il a été montré que l'inhibition de la myostatine par la follistatine, stimulait les mécanismes de réparation membranaire puisque le diamètre des fibres étant augmenté, celles-ci seraient plus fragiles (Foley et al., 2010).

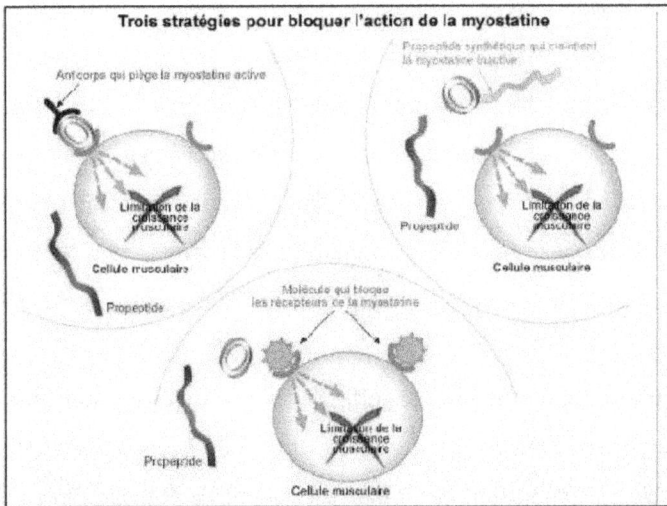

Figure 10 - Les 3 stratégies pour bloquer l'action de la myostatine.
L'ensemble de ces stratégies visant à bloquer la myostatine permet d'augmenter la masse musculaire. Il existe 3 façons de bloquer la myostatine : l'utilisation d'anticorps dirigés contre la myostatine active ; utilisation d'un propeptide qui empêche la maturation de la myostatine ou utilisation de molécules capables de se lier au recepteur antagoniste de la myostatine.

d'après VLM n°118, p. 10-11

7.4 THERAPIES GENIQUES

Même s'il reste encore certains problèmes techniques, la thérapie génique bénéficie actuellement des progrès et des percées technologiques réalisées dans des pathologies telles que la bétathalassémie et l'adrénoleucodystrophie. Par exemple, l'adrénoleucodystrophie (ALD) est une maladie mortelle rare, caractérisée par la destruction progressive de la myéline, la gaine protectrice des neurones du cerveau. L'ALD est la conséquence de mutation(s) du gène *ABCD1* sans corrélation entre le génotype et le phénotype (Mosser et al., 1993). La physiopathologie de l'atteinte cérébrale démyélinisante et de l'atteinte médullaire axonale reste inconnue. Les mécanismes de déclenchement de la réaction inflammatoire qui survient dans les formes cérébrales d'ALD ne sont pas vraiment connus (Dubois-Dalcq et al., 1999).

Jusqu'à présent, seule une greffe de moelle osseuse était possible pour limiter les effets de l'ALD, traitement lié à l'existence d'un donneur compatible et comportant de nombreux risques de complications. Mais aujourd'hui, la thérapie génique a ouvert de nouvelles perspectives en utilisant des cellules « vecteurs » autologues modifiées (Cartier et al., 2009; Semmler et al., 2008). C'est l'équipe du Pr Aubourg et du Dr Cartier (Hôpital Saint-Vincent de Paul, Université Paris Descartes, Inserm) qui en prélevant des cellules souches osseuses, les ont mises en contact avec un vecteur comportant une version fonctionnelle du gène déficient dans l'ALD (*ABCD1*). Ce vecteur "médicament" est un lentivirus modifié et complètement inactivé qui a permi de faire pénétrer le gène thérapeutique dans le noyau des cellules souches (Cartier et al., 1995). Après injection à deux enfants, ces cellules médicaments ont alors recolonisé leur moelle osseuse et certaines d'entre elles, par un

91

mécanisme naturel, ont migré vers le cerveau des patients pour y exercer leur rôle correcteur. Des signes de régression de la maladie sont apparus quelques mois après le traitement, sans effets secondaires particuliers jusqu'à présent.

La majorité des avancées technologiques a été effectuée dans le cadre des dystrophies musculaires, en particulier pour traiter les patients atteints de DMD. C'est pour cela, que dans cette section, les méthodes utilisées pour la dystrophine seront discutées ainsi que leurs éventuelles transpositions aux dysferlinopathies.

7.4.1 LES VECTEURS DE THERAPIE GENIQUE:

Le concept de thérapie génique existe depuis fort longtemps, mais ce n'est que récemment que les avancées techniques ont été suffisantes pour que l'on considère la possibilité d'une application chez l'Homme (Chenuaud et al., 2004; Toromanoff et al., 2008).

Les vecteurs de thérapies géniques peuvent être classés en deux catégories : les vecteurs non-viraux et ceux utilisant les propriétés des virus (Figure 11). Les vecteurs non viraux proposent de faire entrer des acides nucléiques dans les cellules à l'aide de divers composés chimiques. Leur principal défaut est l'aspect transitoire du transfert puisqu'elles ne sont accompagnées d'aucune méthode de stabilisation du transgène. En effet, comme ces plasmides ne sont pas intégrés dans le génome des cellules, ils sont instables et la prolifération des cellules favorise considérablement leurs pertes. C'est d'ailleurs pour palier à ce manque d'efficacité, que les vecteurs viraux ont été mis au point. En effet, les virus sont de véritables machines spécialisées pour permettre l'entrée de matériel génétique dans les cellules. Néanmoins l'utilisation de telles méthodes soulève de nombreuses questions de sécurité.

7.4.1.1 LES VECTEURS VIRAUX

Les premiers vecteurs viraux ont été développés à partir du milieu des années 80 (Mann et al., 1983). Ces vecteurs possèdent généralement une plus grande efficacité de transfert de gènes. Cette très grande efficacité s'explique facilement : les virus ont évolués et se sont perfectionnés pendant des millénaires dans cette tâche. Il existe ainsi deux grandes familles de virus : les virus infectant les procaryotes ou les eucaryotes. Ce sont ces derniers qui ont été les plus étudiés notamment dans le cadre des pathologies musculaires.

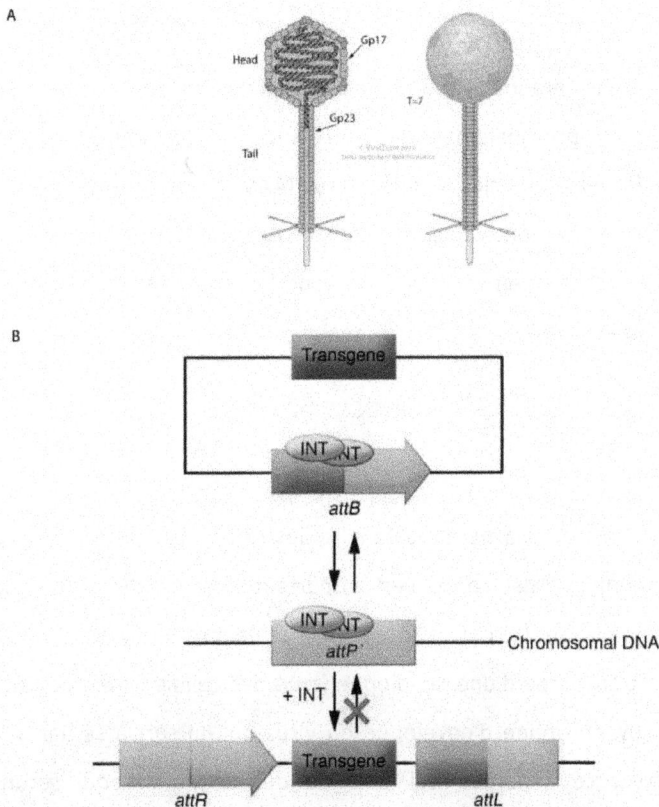

Figure 11 - Phage PhiC31.
A. Structure de tête-queue. La tête fait environ 53 nm de diamètre et se compose de 72 capsomères.
B. Représentation schématique du processus d'intégration du bactériophage phiC31 (INT pour intégrase). L'utilisation d'intégrases site-spécifique (INT) du phage PhiC31 permet les évenements de recombinaisons unidirectionnels. PhiC31 est capable d'effectuer une intégration site spécifique par recombinaison entre un site *attP* encodée par le génome du phage et un site *attB* encodé par un chromosome bactérien porteur du transgène. De même, phiC31 peut servir de vecteurs d'intégration dans les chromosomes de mammifères porteur de séquences génomiques qui sont similaires à attP (appelées pseudo-sites attP ou *attP'*). On en dénombre 26. L'intégrase, de la famille des recombinases à sérine, codée par le phage, va reconnaître et s'hybrider sur deux sites de recombinaison, *attB* (sur le génome du phage) et *attP'* (sur le génome cible). Après recombinaison, le génome viral sera intégré dans le génome de l'hôte encadré par deux sites recombinants attL et attR. Contrairement aux recombinases à tyrosine, le transgène inséré ne pourra être excisé. *(d'après Marina Cavazzana-Calvo et al., J Clin Invest. 2007;117(6):1456–1465.)*

A. LENTIVIRUS ET AAV

Il existe une grande variété de vecteurs infectant les cellules eucaryotes dont principalement les rétrovirus, les oncorétrovirus, les adénovirus, les virus associés au adénovirus (AAV) et les virus dérivés de l'Herpès. Comme ce sont principalement les vecteurs lentiviraux et les AAV qui sont utilisés en thérapie, ce sont les deux seuls, que nous aborderons ici en détail.

(a) DESCRIPTION GÉNÉRALE DES LENTIVIRUS

Les lentivirus font partie de la famille des rétrovirus. Leurs capsides virales contiennent des protéines importantes pour l'infection: la transcriptase inverse (RT), l'intégrase (IN) et la protéase. La capside protéique est entourée d'une enveloppe issue des cellules infectées, qui contient la glycoprotéine d'enveloppe du virus qui lui sert à se lier aux cellules cibles. Le génome viral possède des séquences qui seront importantes pour la suite de l'infection, dont, à l'extrémité 5' et 3' la présence de séquences "répétées" (R). Le reste du génome est composé d'au moins trois cadres de lecture ouverts (ORF): Gag, Pol et Env. Ces trois ORF codent pour les ARNm des protéines qui composent les capsides et l'enveloppe virale. Au cours de l'infection virale, le génome sera converti en ADN double brin puis intégré au génome de la cellule infectée (Figure 12).

Des chercheurs ont donc utilisé ces virus, en remplaçant les gènes codant les protéines responsables de la pathogénicité, par des gènes médicaments d'intérêt, (Kafri et al., 1999; Naldini et al., 1996).

(a) APPLICATION DES LENTIVIRUS AUX MALADIES NEURO-MUSCULAIRES (NMD)

Contrairement à la majorité des membres de la famille des rétrovirus, les lentivirus sont capables à la fois d'infecter les cellules mitotiques et post-mitotiques (Ghazizadeh et al., 1999). C'est pourquoi ils ont été particulièrement étudiés. De plus, ces vecteurs intègrent leurs cassettes d'expression (génôme du virus contenu entre les deux LTR) aux génomes des cellules, ce qui permet de stabiliser l'expression du transgène sur le long terme. Cette cassette peut contenir jusqu'à 8kb d'ADN. Des chercheurs ont donc remplacé les séquences contenues dans cette cassette par des séquences médicaments. Toutefois cela ne permet pas, par exemple, l'insertion de la séquence codant la dystrophine entière. Par conséquent, l'utilisation de ces vecteurs est limitée aux transferts de minigène comme celui de la minidystrophine et de la microdystrophine (décrite dans le chapitre expression compensatrice), contrairement à l'ADNc de la dysferline (6243 nucléotides) (Sakamoto et al., 2002; Vincent et al., 1993).

A

B

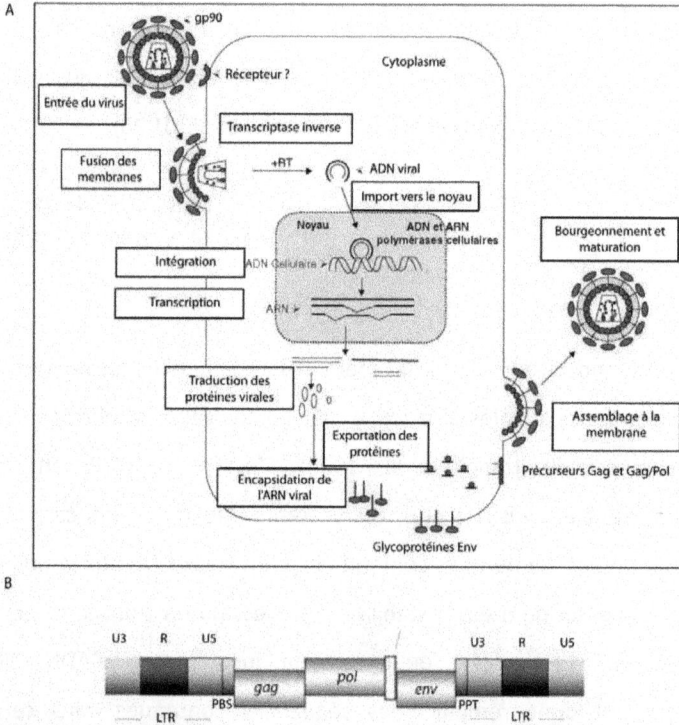

Figure 12 - Les vecteurs lentiviraux.
A. Les différentes étapes du cycle lentiviral dans la cellule cible. Les lentivirus se fixent sur un récepteur membranaire par une glycoprotéine. Pénétration classique par fusion des membranes. La Transcriptase réverse permet la synthèse d'une molécule d' ADN viral bicaténaire circulaire qui migre vers le noyau. L'ADN viral persisterait sans intégration durant quelques jours. Une fois intégré, celui-ci n'est pas forcément exprimé. Dans le cas contraire, il y aura alors transcription en ARNm puis traduction en protéines virales, assemblage des particules virales et libération par bourgeonnement au niveau de la membrane plasmique et libération.   *(d'après C. Leroux et al., Virologie, Vol. 9, n° 4, juillet-août 2005)*
B. Organisation du génome lentiviral. Le gène gag code les protéines MA (matrice intramembranaire), CA (capside, qui protège le noyau) et NC (nucléocapside formant le noyau qui protège le génome viral). Le gène pro est imbriqué dans les gènes *gag* ou *pol* et code la protéine PR (protéase responsable du clivage des produits des gènes *gag* et *pol*). Le gène *pol* code les deux enzymes nécessaires au cycle de réplication du virus : la rétrotranscriptase (RT) et l'intégrase (IN). Le gène *env* est essentiel pour la liaison du virus et son entrée dans la cellule hôte. Le génome des rétrovirus est formé de deux molécules d'ARN polyadénylées et coiffées. Les extrémités du génome viral sont composées de séquences non codantes constituées par la séquence R (séquence répétée, indispensable à la transcription inverse), et la séquence U5 (extrémité 3' du génome proviral), le site de fixation de la première amorce de la transcription inverse (PBS), la séquence L (région "leader" : située entre PBS et le codon d'initiation de la traduction du gène gag. Elle contient le premier signal d'épissage commun aux messagers viraux ainsi que les signaux spécifiques pour l'encapsidation du génome viral dans le virion (la séquence Ψ), la séquence PPT (Polypurine Tract qui est nécessaire à la synthèse du brin positif d'ADN durant la rétrotranscription, et la séquence U3 (signal de polyadénylation). La duplication des séquences U3 et U5 lors de la rétrotranscription forme, avec la séquence R aux extrémités du génome proviral, le LTR (Long Terminal Repeat).
D'après Llorens,C., Futami, R., Bezemer, D., and A. Moya. (2008). Nucleic Acids Research (NAR)36 Database-Issue:38-46

Un des principaux inconvénients de ce virus vient de son système d'intégration aléatoire et du nombre de copies insérées dans le génome hôte, impliquant des risques de mutagénèse insertionnelle (Trono, 2003). Par ailleurs, les systèmes de production de ces virus ne permettent pas d'obtenir des titres élevés. Or pour transduire des fibres musculaires, il faut un nombre suffisant de vecteurs afin de pouvoir espérer transduire le plus grand nombre de fibres car ces vecteurs transduisent plus efficacement les cellules présentatrices d'antigène présentes dans le muscle sain, et à plus forte raison dans le muscle dystrophique (Favre et al., 2001; Honda et al., 1990; Toromanoff et al., 2010).

Ce vecteur peut être très avantageux si on l'utilise dans une approche thérapeutique combinée. Cette approche consiste à modifier des cellules « vecteurs » grâce à des lentivirus, de vérifier les sites d'intégration des lentivirus, et d'injecter ces cellules modifiées dans la fibre musculaire (cf. les vecteurs de thérapie cellulaire). En effet, l'équipe d'Yvan Torrente a infecté des cellules souches AC133 de patients DMD avec des lentivirus qui exprimaient constitutivement des petites séquences nucléotidiques capables d'induire le saut des exons mutés (Benchaouir et al., 2007). Cette stratégie s'est révélée très prometteuse au vu des résultats obtenus chez la souris *scid/mdx* (souris immuno-déficiente et déficiente en dystrophine).

(b) DESCRIPTION GENERALE DES VIRUS ASSOCIES AUX ADENO-VIRUS (AAV)

Les AAV sont des petits virus non enveloppés, d'une taille de 18 à 26nm appartenant à la famille des *Parvoviridae* (genre dependovirus). Les AAV sont des virus à ADN simple brin de petite taille (4.7kb) renfermant seulement 2 gènes, les gènes *rep* et *cap* qui permettent la réplication et l'encapsidation. Le génome de ces virus est flanqué d'ITR (inverted terminal repeats) d'environ 150 nucléotides de longueur, qui ont un rôle important pour la stabilité ainsi que pour l'amorçage de la réplication (Figure 13a). Ces virus n'entraînent pas de pathologies chez l'homme et ont besoin de virus dit « helper » (adénovirus ou virus de l'herpès) afin de se répliquer.

Les vecteurs AAV doivent, avant de pénétrer dans les cellules, passer différentes barrières physiologiques qui changent selon la voie d'administration et le tissu cible. L'entrée dans la cellule semble se faire par endocytose récepteur-dépendante (Figure 13b) (Buning et al., 2008). Une fois en présence de sa cellule cible, le virion se lie à son récepteur cellulaire, cette étape de contact est réversible et semble se produire à diverses reprises jusqu'à ce que l'internalisation soit rendue possible par la liaison avec un co-récepteur. Les co-récepteurs HGFR et FGFR1 semblent stabiliser le contact, alors que l'endocytose semble se faire de manière clathrine dépendante (Ding et al., 2005; Douar et al., 2001). L'endocytose est dépendante de la dynamine, de rac-1, et de l'activité PI kinase, et se fait par la formation d'un puits de clathrine. Le virion doit alors s'échapper de la voie endosomale pour ne pas être dégradé par les protéases lysosomales dans l'endosome tardif. Une fois relâché dans le cytoplasme, le virion subit diverses modifications conformationnelles et utilise le cytosquelette pour son transport vers le noyau. Les étapes de décapsidation et d'entrée dans le noyau sont encore mal connues (Johnson and Samulski, 2009). Une fois la décapsidation effectuée, la machinerie de synthèse d'ADN de la cellule convertit les génomes viraux simple brin en formes double brin qui peuvent être transcrites (Ferrari et al., 1996).

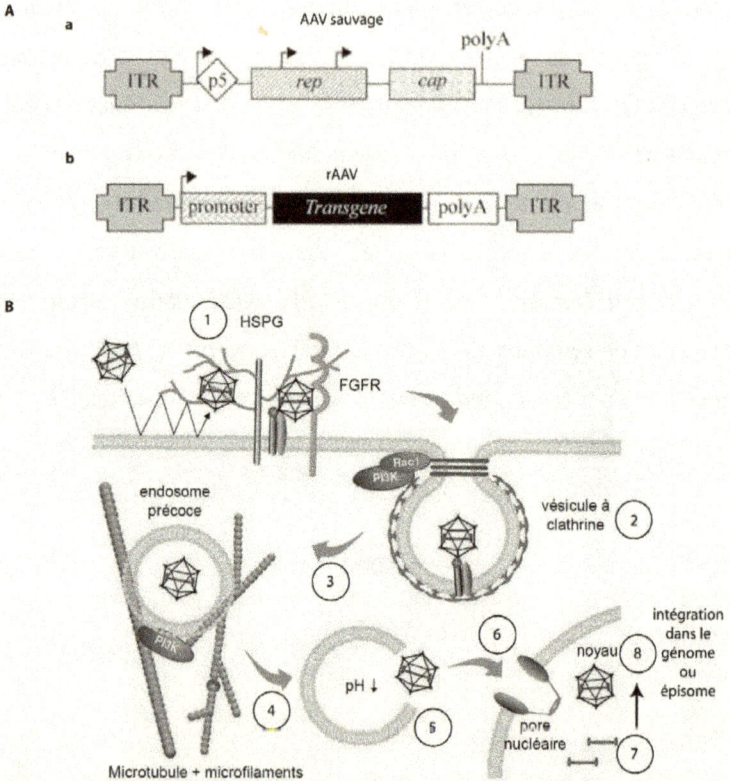

Figure 13 - Organisation du génôme et endocytose des AAVs.
A. Le virus AAV est un parvovirus de petite taille (20 à 25 nm), non enveloppé et à ADN simple brin de 4,7 kb. A. Son génome code pour trois protéines de capside (Cap) et quatre protéines de réplication (Rep), impliquées dans la réplication et la régulation en trans de l'expression des gènes. Ces régions sont encadrées par des séquences de 145 pb appelées ITR (Inverted Terminal Repeat), nécessaires en cis pour la réplication et l'assemblage des particules virales *(d'après Vasileva and Jessberger, 2005)*. B. La suppression de la totalité de leurs séquences virales à l'exception des ITR a permis d'augmenter leurs capacités de clonage (jusqu'à 4,7 kb). *(d'après Pfeifer et al., 2001)*.
B. Cycle d'infection des rAAV. Schéma montrant les 6 étapes de la transduction de cellules par l'AAV. (1) L'AAV se fixe à la membrane par l'intermédiaire d'un recepteur; (2) endocytose du virus ; (3) trafic endosomal du virus ; (4) fuite du compartiment endosomal par le virus ; (5) virion non recouvert ; (6) entrée dans le noyau ; (7) conversion du génome viral d'une molécule simple brin à un génome double brin ; (8) intégration dans le génome cible ou persitence sous forme d'épisome capable d'exprimer les gènes portés par le virus. Il est à noter que la question de l'intégration du vecteur AAV est toujours débattue à l'heure actuelle. *(d'après J. Gene Med, 2008. 10(7): p. 717-33.)*

Une fois dans le noyau, le virus exprime les protéines Rep qui sont, non seulement impliquées dans la réplication du vecteur, mais aussi dans son intégration. Le virus sauvage est en effet capable de s'intégrer dans un site précis du génome humain appelé AAVS1 (présent sur le chromosome 19) (Huser et al., 2003). On a longtemps cru que le virus recombinant (ou rAAV) faisait de même mais malheureusement l'intégration spécifique n'a que peu souvent lieu (McCarty et al., 2004). Le génome viral est cependant capable de rester sous forme épisomale dans les cellules pendant une longue durée. Cela serait dû aux séquences ITR qui stabiliseraient les extrémités du génome viral.

Les AAV recombinants (rAAVs) sont délétés pour 2 gènes viraux (*rep* et *cap*) ainsi que des séquences de polyadénylation pour ne laisser que les deux ITR. Le transgène d'intérêt est inséré sous forme d'une cassette d'expression comportant la séquence d'intérêt munie de séquences promotrices appropriées, choisies en fonction de la cellule cible. *In vivo*, après fixation à son récepteur principal (l'héparan sulfate protéoglycan (HSPG) dans le cas de l'AAV2) et internalisation, le rAAV2 atteint le noyau où il reste sous forme de concatémères épisomaux.

Le tropisme d'un virus est défini par les interactions de sa surface (sérotype de la capside dans le cas de l'AAV) avec les récepteurs de l'hôte ; mais également par sa voie d'inoculation qui détermine les différentes barrières biologiques à franchir avant d'infecter la cellule cible (Figure 14).

L'efficacité de transduction des rAAV2 *ex vivo* est limitée mais pourtant elle est excellente *in vivo*. La voie d'administration la plus couramment utilisée est la voie intramusculaire (Favre et al., 2001), on peut également l'injecter par voie vasculaire puisque ce virus recombinant est capable de franchir la barrière endothéliale, car le protéoglycane héparane sulfate (HSPG) est abondant au niveau de la paroi et de la membrane basale des vaisseaux.

Même si le sérotype AAV le plus étudié et utilisé est l'AAV de type 2 (AAV2), les recherches se portèrent sur l'isolation d'autres AAV sauvages (Rutledge et al., 1998). L'isolation des séquences rep, cap et ITR de ces différents sérotypes a permis d'effectuer des expériences de complémentation croisée. Cependant, il a été montré durant les années 90, que les gènes rep de sérotype 2 sont capables d'encapsider un génome à ITR2 dans les capsides des sérotypes 1 à 6, pour produire des AAV recombinants fonctionnels, qui auront donc un tropisme particulier

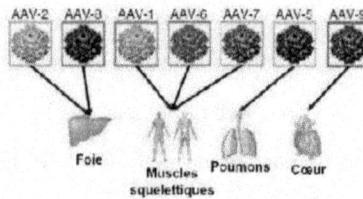

Figure 14 - Tropismes des différents sérotypes d'AAV.
Comparaison des différents sérotypes d'AAV. Présentation des sérotypes AAV les plus couramment utilisés pour le transfert de gène chez l'animal et de leur tropisme préférentiel respectif (à l'exception du système nerveux et de l'œil).

(D'après J Thromb Haemost, 2007. 5(1): p. 12-5.)

en gardant les avantges des ITR de l'AAV2. Pour créer ces vecteurs dits « pseudo-typés », il suffit donc de changer le gène cap par celui du nouveau sérotype dans l'un des plasmides du système de production des AAV *in vitro* par tri-transfection (Figure 15). On obtient ainsi un AAV-2/X, où X est le sérotype de la capside.

(a) APPLICATION DES AAV RECOMBINANTS POUR LES NMD

Les avantages des rAAV sont nombreux et en font un vecteur de choix notamment dans les pathologies musculaires. En effet ces vecteurs montrent une sécurité d'utilisation car le virus est défectif au départ et aucune pathologie humaine connue ne lui est associée. On peut les obtenir en grandes concentrations (10^{12}-10^{14} particules infectieuses ou IP/ml) et ont tendance à persister longtemps dans les tissus infectés sous forme épisomale ou intégrée. Ils sont capables d'infecter à la fois des cellules quiescentes et des cellules en division.

A.

	Récepteur primaire	Co-récepteur
AAV1	acide sialique[a] (?)	ND
AAV2	protéoglycane héparane sulfate (HSPG)	récepteur 1 du facteur de croissance des fibroblastes (FGFR1) récepteur du facteur de croissance des hépatocytes (HGFR), c-met récepteur de la laminine intégrine αVβ5 intégrine α5β1
AAV3	protéoglycane héparane sulfate (HSPG)	récepteur 1 du facteur de croissance des fibroblastes (FGFR1) récepteur de la laminine
AAV4	acide sialique α	é i l - O - 3 , 2 -
AAV5	acide sialique α-2,3-N-lié	récepteurs α et β du facteur de croissance dérivé des plaquettes (PDGFRA et B)
AAV6	acide sialique[a] (?) protéoglycane héparane sulfate (HSPG)[c] (?)	
AAV7	ND	ND
AAV8		
AAV9		récepteur de la laminine
AAV10, 11 et 12	ND	ND

B.

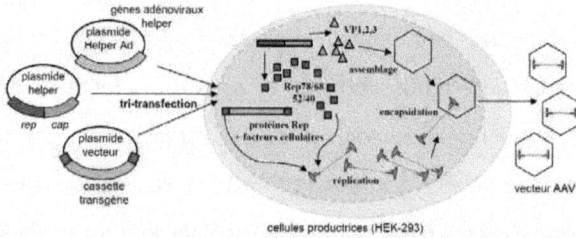

cellules productrices (HEK-293)

Figure 15 - Recepteurs des différents sérotypes d'AAV et production de vecteur AAV par tri-transfection.
A. ND, non décrit. (?) Toujours débattu. a Dépend du type cellulaire et du niveau de différenciation cellulaire. b Lié l'héparine, mais infection non inhibée par l'héparine. c possible implication dans l'adsorption et la transduction.
d'après J. Gene Med, 2008. 10(7): p. 717-33.
B. La production du vecteur AAV dans les laboratoires est en général faite par triple transfection de cellules HEK-293 (human embryonic kidney clone 293). Un des trois plasmides transfectés contient le génome AAV recombinant, c'est-à-dire la cassette d'expression encadrée par les seules séquences nécessaires en cis pour la production du vecteur : les ITR. Le but étant de produire un vecteur déficient pour la réplication, il est nécessaire d'apporter en trans les gènes qui ont été excisés de la séquence du vecteur AAV. Le deuxième plasmide contient donc les gènes rep et cap, et le troisième contient les gènes adénoviraux helper. Dans la cellule transfectée, le génome AAV recombinant est excisé du plasmide vecteur par les Rep apportées en trans, puis il est massivement répliqué en brin ADN de polarité positive ou négative, à parts égales. Cette dernière forme ADN simple brin correspond au génome viral qui sera encapsidé par les protéines VP1, VP2 et VP3 exprimées à un ratio approximatif de 1:1:10. La purification du vecteur produit est en général effectuée par ultracentrifugation en gradient de chlorure de césium ou de iodixanol, ou encore par chromatographie d'affinité si l'on dispose d'un anticorps, ou sur colonne héparinée pour certains sérotypes.
d'après Gilles MOULAY, Approches de thérapies géniques pour des maladies neuromusculaires, 2010. Université d'Evry Val D'essonne

Certains vecteurs AAVs sont particulièrement efficaces pour transduire le muscle squelettique (Penaud-Budloo et al., 2008; Toromanoff et al., 2010; Toromanoff et al., 2008). La taille de l'AAV (~24 nm) lui permet de traverser la matrice extracellulaire du muscle qui présente des pores de 40 nm. L'AAV est capable de transduire les fibres musculaires matures permettant ainsi une expression stable de la protéine transgénique (Bartoli et al., 2006). Le premier sérotype qui a été testé en injection intramusculaire (IM) est l'AAV2, qui permet une transduction « modeste » du muscle. En effet, son tropisme dans le muscle est caractérisé par une transduction préférentielle des fibres musculaires lentes, plus riches en HSPG, son récepteur primaire (Pruchnic et al., 2000). Cependant, cette préférence pour la transduction des fibres lentes disparaît avec l'augmentation de la dose de vecteur injectée.

D'autres sérotypes comme les AAV1, 6, 8 et 9 permettent une expression de la protéine transgénique d'au moins 10 fois supérieure à celle obtenue avec l'AAV2 à la même dose (Gao et al., 2002). Ces sérotypes transduisent aussi efficacement les fibres musculaires lentes que rapides (Gao et al., 2002; Toromanoff et al.). A noter que l'AAV1 transduit moins bien le muscle que les sérotypes 6, 8 et 9 lorsqu'il est administré par voie vasculaire.

Les vecteurs AAV comportent deux inconvénients majeurs. Tout d'abord ils offrent une faible capacité d'accueil pour le transgène, qui n'excède pas 4,6kb. De plus, ces vecteurs dérivés de virus peuvent être à l'origine d'une réponse immune à cause soit des protéines présentes sur leurs capsides (Fisher et al., 1996; Fisher et al., 1997; Zhang et al., 2000). De même, le muscle sain et à plus forte raison le muscle dystrophique possède une population de cellules mononuclées du système phagocytaire (macrophages résidants) distribuée dans le tissu conjonctif du périmysium et de l'endomysium entre les fibres musculaires (Honda et al., 1990). Ces cellules (macrophages, lymphocytes B et cellules dendritiques) sont des cellules présentatrices d'antigène faisant donc du muscle un organe réactif aux infections (Sun et al., 2003). De plus les AAV sont capables de transduire les cellules dendritiques présentes dans le muscle. Ceci favorise les réactions cytotoxiques médiées par les lymphocytes CD8+ contre les fibres musculaires transduites exprimant une protéine transgénique immunogène ou présentant des antigènes provenant du vecteur. Ainsi les cellules transduites peuvent être la cible d'une dégradation par les lymphocytes T cytotoxique, et ainsi exacerber la réponse humorale qui va permettre la synthèse d'anticorps neutralisant (Boutin et al., 2010 ; Veron et al., 2007; Fougerousse et al., 2007; Chenuaud et al., 2004). On peut donc s'attendre à ce que la voie de présentation du CMH de classe I, induisant une réponse cellulaire, soit plus efficace dans le muscle dystrophique du fait du plus grand nombre de CPA résidentes (Fougerousse et al., 2007). Il faut donc être prudent lors de l'emploi de ces vecteurs et bien surveiller les paramètres immunologiques.

Pourtant, les AAV sont utilisés dans un nombre croissant de protocoles thérapeutiques, en particulier lorsque la cellule cible est une cellule différenciée qui ne se divise plus (muscle squelettique, myocarde, neurone). De ce fait, les vecteurs AAV sont les vecteurs de prédilection pour les myopathies.

Pour palier la faible capacité d'encapsidation de ces vecteurs, différentes stratégies ont été utilisées. Ces stratégies sont basées, soit sur l'utilisation de « minigène », par exemple dans le cas de la DMD, les chercheurs ont utilisé un microdystrophine comportant une partie des domaines fonctionnels de la dystrophine (England et al., 1990), soit sur l'utilisation simultanée de deux vecteurs AAV. Cette stratégie consiste à répartir le transgène sur deux rAAV, le transcrits étant ensuite reconstitué *in vivo* par concatémérisation et épissage (Hirsch et al., 2009).

Ainsi des études ont montré que l'administration de microdystrophine par des vecteurs AAV chez des souris *mdx* permettait de diminuer les symptômes dystrophiques chez ces souris (Athanasopoulos et al., 2004).

Ce type d'approche par transfert de minigène peut être appliqué à d'autres types de dystrophies musculaires comme par exemple, les dysferlinopathies, une fois l'identification de formes tronquées fonctionnelles. Il existe également une solution pour contourner le problème de la capacité limitée d'encapsidation des AAVs : la concatémérisation dont nous parlerons ci-dessous.

7.5 LES VECTEURS DE THERAPIE CELLULAIRE

L'utilisation de la thérapie cellulaire constitue une des innovations cliniques majeures de ces dernières années. En effet, elle a émergé comme une nouvelle approche permettant à la fois, de prévenir l'extension de dommages tissulaires et de stimuler la régénération d'un organe endommagé voire de restaurer certaines fonctions déficientes.

La thérapie cellulaire repose sur le principe de greffe, qui consiste soit à prélever puis à réinjecter aux patients leurs propres cellules modifiées (autogreffe) ou les cellules d'un donneur volontaire compatible (greffe allogénique). La greffe de ces cellules permet de remplacer des cellules mortes ou détruites dans un tissu (Figure 16).

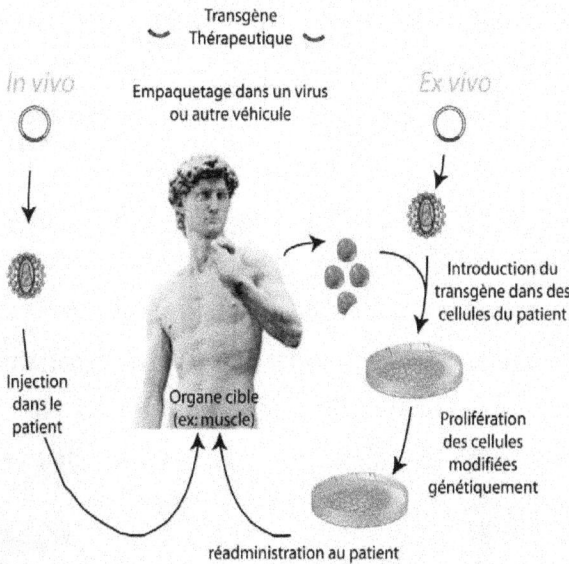

Figure 16 : Thérapies géniques *in vivo* et *ex vivo*.
La thérapie génique *in vivo* consiste à introduire chez le patient directement par voie locale ou systémique un vecteur codant la séquence d'intérêt. L'introduction du matériel génétique sur des cellules en culture (*in vitro*) avant de les réimplanter dans le patient est la thérapie génique ex vivo.
Adaptation d'une illustration présentée sur le site www.nih.gov

En avant propos, il est important de comprendre les caractéristiques des cellules « vecteurs » utilisées en thérapie cellulaire. Ce sont des cellules caractérisées par deux propriétés spécifiques :

- une capacité d'auto-renouvellement, c'est-à-dire à se diviser à l'identique pendant un nombre de division presque infini. Cette propriété permet ainsi le maintien d'un stock stable et permanent de ces cellules,

- un degré de plasticité important, c'est-à-dire un pouvoir de différenciation en cellules spécialisées. Elles peuvent ainsi acquérir les caractéristiques de différentes lignées cellulaires suivant l'environnement dans lequel elles se trouvent.

La thérapie cellulaire repose donc sur ce principe qui est d'injecter des myoblastes ou tout autre type cellulaire capable de se différencier en myoblastes et qui apporterait soit un ADNc sain soit des séquences nucléotidiques permettant de limiter/corriger la pathologie. Depuis quelques années, les capacités de ces cellules « vecteurs » sont sources de beaucoup d'espoir, mais leur manipulation n'est pas aisée. Dans ce chapitre nous nous focaliserons uniquement sur deux types de cellules « vecteurs » utilisées dans les pathologies musculaires : les mésoangioblastes et les cellules AC133 positives.

7.5.1 LES CELLULES « VECTEURS » ET ALLOGREFFE : UTILITE DES MESOANGIOBLASTES

Isolés à partir de vaisseaux sanguins embryonnaires et post-nataux de souris, de chien et d'homme, les mésoangioblastes expriment les marqueurs : CD34+, Sca-1+, Tly-1+ et de manière transitoire Flk-1+ et c-Kit+ (Cossu and Bianco, 2003). Ces cellules peuvent se différencier soit en muscle lisse en présence de TGFb1 (Transforming growth factor beta 1), soit en ostéoblastes en présence de BMP2 (bone morphogenetic protein

2) mais également en muscle squelettique ou cardiomyocytes en présence de culture de myoblastes ou de cardiocytes. Elles peuvent être administrées par voie intravasculaire puisqu'elles peuvent franchir les endothéliums vasculaires (Mouly et al., 2005; Sampaolesi et al., 2003). De plus, elles sont attirées vers les zones d'inflammation, qui sont fréquentes dans les processus myopathiques, notamment dans les dysferlinopathies (Lolmede et al., 2009).

En collaboration avec le groupe du Dr. Giulio Cossu, une équipe a montré que, chez les chiens GRMD (déficient en dystrophine), après injection par voie intra-artérielle de mésoangioblastes de chiens sains (greffe hétérologue), une amélioration histologique était observée. La dystrophine est exprimée dans des fibres musculaires, bien que de façon non homogène (Sampaolesi et al., 2006). Suite à ces résultats encourageants, un essai clinique de phase I/II se prépare pour des patients atteints de dystrophie musculaire de Duchenne de Boulogne. Cet essai a pour objectif de tester la sécurité à court et long terme de l'injection intra-artérielle de mésoangioblastes (allo-transplantation utilisant des donneurs de cellules compatibles grâce à d'un typage HLA du donneur). Cette stratégie thérapeutique semble donc en bonne voie, mais certains problèmes restent toutefois à résoudre comme l'administration nécessaire de traitement immunosuppresseur à long terme.

7.5.2 LES CELLULES « VECTEURS » ET L'AUTOGREFFE : UTILITE DES CELLULES AC133

Une équipe italienne a récemment identifié une sous-population de cellules circulantes retrouvée à la fois dans le sang et le muscle humain, qui pourrait servir de cellules « vecteur ». Cette population expriment l'antigène AC133 et peuvent se différencier en myoblastes ou en cellules endothéliales lorsqu'elles sont exposées à certaines cytokines (Bhatia et al., 1998; Gallacher et al., 2000; Negroni et al., 2009).

Bien qu'on ne connaisse pas clairement leurs origines, l'équipe du Dr. Y. Torrente a étudié le potentiel de différenciation et de colonisation de ces cellules circulantes à partir d'échantillons de sang humain. Il a montré qu'après co-culture de ces cellules avec des myoblastes de souris ou des cellules exprimant Wnt, ces cellules humaines injectées dans des muscles squelettiques de souris *SCID/mdx* sont capables de former des myotubes et de participer à la régénération des muscles (Torrente et al., 2007; Torrente et al., 2004). Elles permettent donc une amélioration significative de la structure des muscles squelettiques et de ses fonctions. Pour finir, elles sont également capables de reconstituer le pool des cellules satellites des muscles (Negroni et al., 2009).

Ces cellules pourraient donc permettre une régénération partielle des muscles de patients DMD et ainsi permettre des améliorations fonctionnelles, voir retarder les symptômes les plus graves de la maladie. La transplantation de cellules AC133 + circulantes pourraient donc constituer un futur traitement pour les myopathies telles que les dysferlinopathies. Récemment, le potentiel myoblastique et endothélial de ces cellules a été confirmées *ex vivo* et *in vivo*, et une première étude clinique a permis de vérifier chez des patients DMD l'innocuité d'une administration locale de cellules AC133+ autologues (Torrente et al., 2007).

En parallèle, un des avantages de ces thérapies cellulaires est la possibilité de corriger *ex-vivo* des cellules mutées de patients avant réinjection chez ce même patient. De cette façon, les problèmes de rejet de greffe seraient très limités. Pour cela, les cellules AC133+ sont fraîchement isolées et modifiées. Dans le cas des DMD, la modification génétique de ces cellules mutées leur permet d'exprimer constitutivement des petites molécules antisens capables d'induire le saut d'exon (Benchaouir et al., 2007). Ce saut d'exon permet de restaurer un cadre de lecture opérationnel en éliminant un ou plusieurs exons du transcrit muté (pour de plus amples détails voir section exon skipping). Dans le cas de la dystrophine, l'ARNm ainsi réhabilité, permet la synthèse d'une dystrophine certes tronquée mais fonctionnelle (Goyenvalle et al., 2004).

Benchaouir et collaborateurs ont utilisé cette approche combinée (cellule « vecteur » modifiée et saut d'exon) sur des cellules de patients DMD présentant une délétion des exons 49 et 50 (noté Δ49-50 ; qui décale le cadre de lecture). Une cassette thérapeutique capable de forcer le saut de l'exon 51, a été intégrée dans un vecteur lentiviral capable de

114

transduire et de s'intégrer dans le génome des cellules AC133+. L'évaluation *in vivo* a été réalisée en réinjectant ces cellules modifiées de patients dans des muscles de souris *scid/mdx*. Dès la troisième semaine après injection, de nombreuses fibres ont exprimé, au niveau du sarcolemme, une dystrophine humaine (Benchaouir et al., 2007).

Ces résultats laissent donc entrevoir la possibilité d'une thérapie par transfert de cellules souches autologues préalablement modifiées dans les DMD (Negroni et al., 2009).De plus, grâce aux caractéristiques de ces cellules, cette approche permet également de stimuler/renforcer le potentiel régénératif des patients. Pour finir, l'avantage majeur de ce type cellulaire est leur facilité à être isolées directement à partir du sang circulant de patients. Toutefois comme dans toutes les approches de thérapie génique utilisant des lentivirus, il reste à étudier l'impact de l'insertion du transgène dans le génome des cellules AC133+.

Les chercheurs disposent donc aujourd'hui d'une panoplie importante de vecteurs. Néamoins avant d'utiliser ces vecteurs chez l'homme, un certain nombre de paramètres reste à valider : la biosécurité des vecteurs utilisés, leur capacité d'encapsidation, leur tropisme et finalement le niveau d'expression minimal de la protéine à apporter pour ralentir ou corriger la maladie.

Par exemple, dans le cas de la dystrophine, il a été montré que des souris transgéniques exprimant moins de 5% de dystrophine dans chaque fibre, ont une dystrophie musculaire atténuée. De même, il a été évalué que si l'on restaurait 30% de dystrophine dans les muscles, cela serait suffisant pour prévenir toutes les manifestations pathologiques dans le muscle squelettique humain (Negroni et al., 2009).

7.6 LES DIFFERENTES CASSETTES THERAPEUTIQUES

Comme nous venons de le voir, la stratégie cellulaire combine à la fois des cellules vecteurs mais également des cassettes thérapeutiques capables de corriger/ralentir le défaut présent dans un gène défectueux. Ces cassettes sont apportées par des virus, dont l'AAV dans le cas des dystrophies musculaires. Celui-ci présente une capacité d'encapsidation limitée. Or, la majorité des gènes défectueux dans ces pathologies, ont des transcrits de taille bien supérieur à la capacité d'encapsidation des AAV. Toutefois, grâce à l'observation clinique de cas modérés de pathologies dont notamment la BMD, des versions tronquées de ces gènes ont été identifiées permettant ainsi de contourner ce problème (Kunkel et al., 1986).

7.6.1 EXPRESSION DE MINIGENE

La taille de l'ADNc de la dysferline comme de la dystrophine est un obstacle majeur puisque les AAVs ne peuvent encapsider leurs séquences codantes.

Il est à noter qu'un seul sérotype d'AAV (2/5) a permis à ce jour le transfert de l'ADNc de la dysferline complète (Rodino-Kaplac et al., 2009, congrès AAN), puisque ce sérotype permet d'accueillir jusqu'à 8,9 kb d'ADNc dans sa capside. En revanche, ce sérotype présente plusieurs inconvénients, dont une diminution de moitié des taux de production du vecteur (Allocca et al., 2008). De plus, il transduise très faiblement les muscles en comparaison des sérotypes 1 ou 9 (Zincarelli et al., 2008).

L'identification d'une forme tronquée de la dystrophine (minidystrophine) chez des patients présentant un phénotype modéré a permis de contourner le problème de la taille de l'ADNc (Figure 17).

Les minidys, qui ont une séquence codante d'environ 6 kb, sont des versions raccourcies qui ressemblent aux dystrophines exprimées chez les patients atteints de BMD. Elles possèdent toutes les domaines de liaison au DGC, mais pas les très nombreuses répétitions du domaine spectrine de la dystrophine.

Les microDys, quant à elles, (environ 4 kb) sont aussi dépourvues de domaines spectrine, et ne comportent pas le domaine C-terminal (Harper et al., 2002). Ce domaine n'intervient pas dans les liaisons entre la dystrophine et le cytosquelette. Par contre, il est impliqué dans la liaison d'autres protéines. Par conséquent cette miniprotéine ne permet pas de rétablir la totalité des fonctions de la dystrophine.

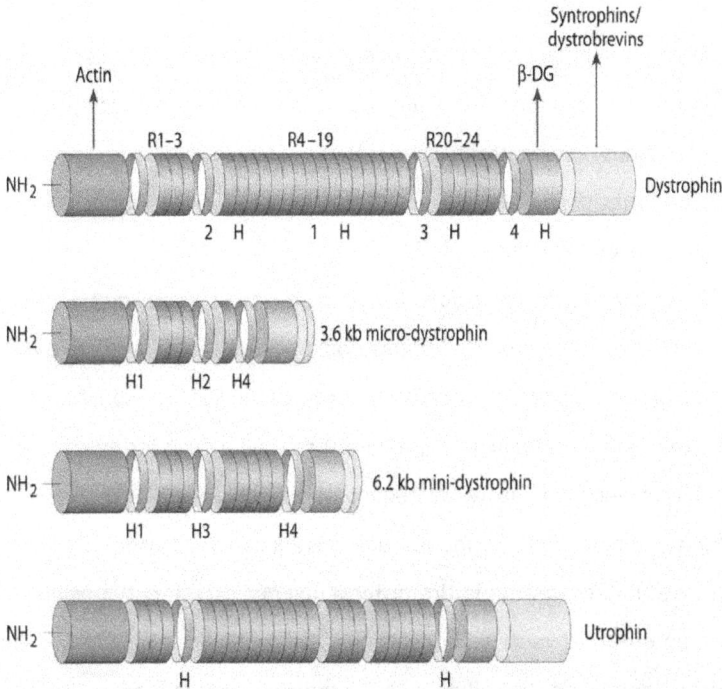

Figure 17 : Domaines structuraux de la dystrophine humaine, de la forme Becker et des mini-micro-dystrophine, et l'utrophine.
La dystrophine pleine longueur se compose de quatre domaines structuraux 128-130. Le domaine N-terminal (rouge) se lie à la F-actine, le domaine riche en cystéine (vert) se lie à β-dystroglycane (β-DG) et le domaine C-terminal (jaune) se lie à la dystrobrevine et à la syntrophine. Les domaines coiled-coil au centre (bleu) contient 24 répétitions spectrine-like (R1-R24) et 4 régions «charnières» (turquoise; H1-H4). Dans les mini-et micro-dystrophine, le domaine tige est tronqué par la suppression de répétitions multiples et d'une région charnière. Notez que les constructions qui ont été clonés dans des AAVs recombinant (rAAVs), ne contiennent pas les domaine C-terminal. L'utrophine contient également un domaine de liaison à l'actine N-terminal, un domaine central coil-coiled (où il manque les répètitions 15 et 19, et 2 régions charnières, par comparaison avec la dystrophine) et un domaine C-terminal qui interagit avec le complexe de la dystrophine-glycoprotéine.
d'après Nature Reviews Genetics 4, 774-783774-783

Des recherches visant à comparer l'efficacité de ces versions tronquées ont été réalisées. Dans les deux cas (minidys et microdys), ces miniprotéines permettent d'atténuer partiellement le phénotype dystrophique (Pichavant et al., 2010) et pourraient donc ralentir la progression de la maladie.

Il est donc intéressant dans le cadre des dysferlinopathies d'identifier voire de créer des minidysferlines fonctionnelles qui permettraient de limiter ou de stopper la progression de la maladie. Cet aspect a été l'un des axes de recherche développé durant ce travail de thèse.

Récemment, une autre stratégie a été développée afin de contourner la limite de taille d'encapsidation des vecteurs AAV : la concatémérisation (Figure 18). Cette méthode tire profit d'une des caractéristiques génômes AAV. En effet ces vecteurs constitués d'un simple brin, peuvent, une fois dans le noyau de la cellule hôte, produire deux génomes de même orientation qui sont capables de former des complexes (Ferrari et al., 1996). La génération des génomes complexés peut également se produire entre différents génômes AAV (Choi et al., 2005). Sur cette base, la stratégie de concatémérisation utilise deux vecteurs AAV indépendants, l'un portant la partie 5 'de l'ADNc ainsi qu'une séquence intronique qui porte un site d'épissage donneur, et l'autre portant une séquence intronique avec un site accepteur d'épissage suivi de la partie 3 'de l'ADNc. Une fois dans la fibre musculaire, ces vecteurs pourront alors se concatémériser formant ainsi un messager entier permettant ainsi la synthèse d'une protéine entière (Burton et al., 1999).

Cette stratégie a été utilisée pour transférer avec des efficacités différentes, une forme tronquée du Facteur VIII dans le foie ou une minidystrophine dans le muscle squelettique (Chao et al., 2002; Lai et al., 2005). Même si seulement peu d'études ont utilisé une telle stratégie, cela a permis d'améliorer l'efficacité de concatémérisation. Par exemple, l'utilisation de séquences de recombinaisons homologues (Oligo-Assisted AAV Genome Recombination ou OAGR) a permis d'orienter la concatémérisation et d'augmenter les rendements de synthèse des transcrits entiers (Hirsch et al., 2009).

Bien que ces approches soient particulièrement élégantes, elles restent d'une efficacité limitée. C'est pourquoi, elles seront difficilement transposables en clinique, et resteront probablement essentiellement à l'état de preuves de principe.

Une récente étude a appliqué ce principe aux dysferlinopathies et les résultats obtenus seront discutés dans la partie discussion (Lostal et al.).

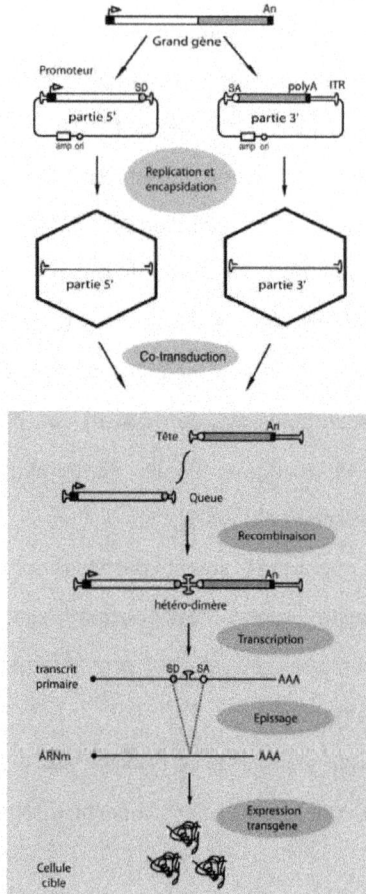

Figure 18 : Principe de la concatémérisation de deux AAV recombinants.
Une unité d'expression correspondant à un gène de grande taille est divisé en deux moitiés. L'un d'eux se compose d'un promoteur (boîte noire avec une flèche), la partie 5' du gène d'intérêt (boîte blanche) et un site donneur d'épissage (SD) tandis que le deuxième vecteur porte une séquence acceptrice d'épissage (SA), la 3' partie du gène (zone ombrée) et un signal de polyadénylation (case noire). Ces fragments sont clonés de façon indépendante entre les deux ITR. Il y a ensuite production des deux vecteurs AAV et ces deux vecteurs sont co-transfectés dans les cellules cibles. Dans la cellule, une étape d'hétérodimérisation se produit par recombinaison intermoléculaire entre les deux molécules d'ADN. Cela permet la synthèse de la protéine désirée après l'épissage des séquences ITR des vecteurs AAV du transcrit primaire.

(d'après Gonçalves Virology Journal 2005 2:43.)

121

7.6.2 EXPRESSION DE GENE COMPENSATEUR

Afin de compenser un déficit protéique, on peut également stimuler ou introduire une protéine de forte homologie, dont la taille de l'ADNc serait par exemple plus petite. On parle alors d'expression compensatrice. Dans le cas de la DMD, l'utrophine possède une similarité très importante avec la dystrophine (Pozzoli et al., 2002). Elle est aussi capable de se lier à plusieurs protéines du DGC, mais son ADNc est également trop grand. Dans le contexte physiologique, elle est exprimée à la jonction neuromusculaire dans des fibres matures, dans les fibres musculaires en régénération et durant le développement du muscle (Perkins and Davies, 2002). Par analogie, les chercheurs ont pensé que cette molécule serait capable de remplacer la dystrophine. Les essais sur des souris transgéniques *mdx* surexprimant l'utrophine semblent confirmer cette théorie puisqu'elles présentent moins de marqueurs dystrophiques que les souris *mdx* (Hirst et al., 2005). Etant donné que l'utrophine est aussi exprimée dans le tissu musculaire des patients dystrophiques, il y a également peu de risque qu'elle soit rejetée par le système immunitaire (Chakkalakal et al., 2005). Cette expression compensatrice est une stratégie dont le concept est très plaisant, cependant les homologues des gènes défectueux ont souvent une séquence codante de taille comparable aux gènes défectueux et ne peuvent donc pas être apportés par un vecteur AAV. C'est le cas de l'utrophine pour la dystrophine, mais également dans le cas des dysferlinopathies pour la myoferline, protéine fortement homologue à la dysferline.

En conclusion, la stratégie de transfert de gène a fait de considérables progrès ces dernières années comme nous venons de le voir et permet de soigner des plusieurs modèles animaux, laissant ainsi de grands espoirs quant à une utilisation future en clinique chez l'Homme. En l'occurrence, plusieurs essais cliniques sont en cours (http://www.clinicaltrials.gov). En plus de ces approches, d'autres stratégies alternatives ciblant directement les ARN sont développées, stratégies que je vais détailler ci-dessous.

7.7 CHIRURGIE DE L'ARN

Plusieurs approches thérapeutiques impliquant la chirurgie de l'ARN ont été mises au point: (i) en forçant la lecture aux travers des codons stop prématurés (ii) en induisant ou en bloquant la dégradation des ARNm mutés, et (iii) en forçant la machinerie d'épissage à exclure ou inclure des exons. Dans cette section, nous ne développerons que les approches soit de translecture de codon stop soit visant à forcer l'exclusion d'exons porteurs de mutations.

7.7.1 TRANSLECTURE DE CODON STOP

De nombreuses maladies génétiques sont dues à des mutations non-sens. Ce type de mutation conduit à la formation d'un codon stop prématuré dans l'ARN messager. On estime que 15% à 17% des patients atteints de dystrophie musculaire de Duchenne et de dysferlinopathies sont associés à des mutations non-sens (Tuffery-Giraud et al., 2009). La présence d'un codon stop rend la protéine souvent non fonctionnelle, ou même absente. Une des approches thérapeutiques applicables dans ces mutations, consiste à passer au travers de ce codon stop (readthrough ou translecture) pour continuer la synthèse de la protéine (Figure 19).

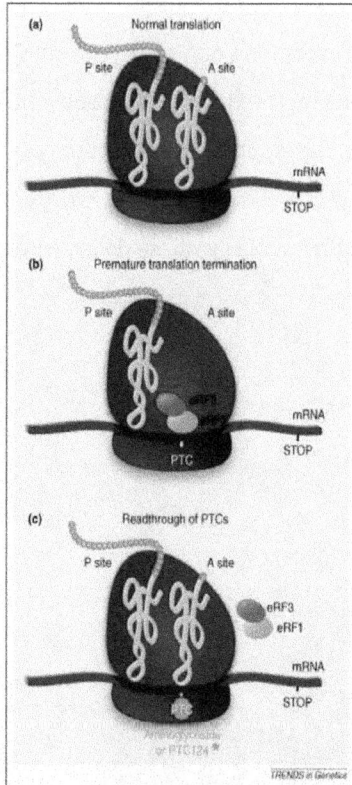

Figure 19 - La translecture de codon stop médiée par des drogues.
a. Synthèse normale d'une protéine. Dans le site A de l'ARNr, la reconnaissance se produit entre le codon de l'ARNm et l'anti-codon de l'amino-acyl-ARNt et, dans le site P, l'ARNt peptidyl est lié. Au cours de traduction, le polypeptide naissant se lie à l'acide aminé dans le site A et le ribosome se déplace le long des trois nucléotides d'ARNm. Au même moment, il y a transfert du polypeptide ARNt du site A vers le site P.
b. L'arrêt prématuré de la synthèse protéique en raison d'un PTC (premature STOP codon). Lorsque le ribosome rencontre un PTC, il n'y a pas d'ARNt correspondant. Ceci conduit à la liaison des facteurs de libération (eRF1 et eRF3), entraînant l'arrêt de la traduction et la libération du polypeptide. A ce stade, un processus de NMD (non sens mediated decay) peut être déclenché.
c. La translecture de PTC par des aminoglycosides ou par le PTC124. Les aminosides peuvent se lier au site A de l'ARNr. Cela modifie la conformation de l'ARN et l'appariement codon-anticodon est réduite, ce qui permet la translecture du PTC par incorporation d'un acide aminé, continuant donc la synthèse de la protéine.

(d'après Linde L et al., Trends Genet. 2008 Nov;24(11):552-63.)

Les aminoglycosides, comme la gentamycine, se lient à la boucle interne de l'hélice 44 de l'ARN ribosomique 16S, dans une région appelée « site de décodage ». Cette liaison induit un changement conformationnel local, permettant de déplacer les bases vers le petit sillon de l'hélice 44 (Arkov and Murgola, 1999; Hermann, 2007; Tate et al., 1996; Weiss, 1991). Il a été montré chez les procaryotes et les eucaryotes, que les aminoglycosides induisent des modifications lors de la traduction en se fixant au site de décodage de l'ARN de transfert aminoacylé (site A) situé en 3' de l'ARN ribosomique 18S (Namy et al., 2001). En règle générale, la glutamine remplace les codons stop de type UAG ou UAA, tandis que le dernier codon stop, UGA, se transforme en tryptophane lors de l'usage d'aminoglycoside. La translecture a une efficacité variable en fonction de la nature de la mutation non-sens, de la séquence nucléotidique l'environnant et finalement de l'énantiomère de gentamycine utilisé, l'énantiomère C2 étant le plus efficace (Bidou et al., 2004; Hermann, 2007).

La stratégie de translecture de codon stop pourrait s'appliquer à toute maladie génétique causée par la présence d'une mutation entraînant l'apparition d'un codon stop. C'est ainsi que ce traitement a été testé dans plusieurs pathologies. Par exemple, chez la souris *mdx* (souris modèle pour la dystrophie musculaire de Duchenne de Boulogne), l'injection de gentamycine a permis la synthèse de la dystrophine par translecture (Aurino and Nigro, 2006). Cependant, cette molécule est toxique à haute dose, car elle s'accumule dans le rein, et peut causer des effets secondaires graves allant parfois jusqu'à la surdité (Prayle and Smyth, 2010).

Compte tenu de la néphrotoxicité des aminoglycosides, ce traitement n'est pas envisageable à long terme. Le PTC124 ou Ataluren™ est une molécule orale, bien tolérée à court terme, permettant également la translecture de codon stop prématuré. Des essais de phase II ont démontré qu'après 15 jours de traitements, il y avait une normalisation de la sécrétion d'ion chlorure chez un nombre significatif de malades atteints de mucoviscidose (Kerem et al., 2008). Cet effet moléculaire semble avoir un effet bénéfique sur la toux et par conséquent sur la fonction respiratoire des patients après 3 mois de traitement. Suite à ces résultats encourageants, un essai de phase I chez des enfants atteints de dystrophie musculaire de Duchenne a également été lancé. Cet essai a démontré que le PTC124 était bien toléré et n'induisait pas la translecture de codons stops naturels (Peltz et al., 2009). Suite à cela, un essai clinique de phase II a été entrepris par PTC Therapeutics© se déroulant sur plusieurs sites, dont un à l'hopital de la Timone de Marseille. Toutefois, même s'il n'y a pas eu d'effets secondaires indésirables, cet essai clinique utilisant l'Ataluren™ s'est terminé en raison d'un manque d'amélioration significative du critère principal séléctionné (6 minutes walk).

Ce type de thérapie pourrait donc être envisagé dans les 17% de cas de dysferlinopathies causés par la présence d'un codon stop prématuré sur un des deux allèles.

7.7.2 LE SAUT D'EXON

Cette stratégie thérapeutique a pu être envisagée grâce à la découverte de l'existence de protéines modulaires. En effet, ces protéines dont tous les domaines ne sont pas essentiels à leurs fonctions, peuvent entraîner un tableau clinique moins sévère si le cadre de lecture est préservé comme c'est le cas chez les aptients atteints de la myopathie de Becker - BMD.

Sur la base de cette observation, les chercheurs ont donc eu l'idée de mettre au point des outils moléculaires permettant de générer des variants protéiques « à façon » qui sont issus d'un épissage alternatif forcé permettant d'éliminer les exons porteurs de mutations (Wood et al., 2010). Cette méthode également appelée saut d'exon consiste à exprimer de petites séquences d'ARN simple brin, capables de s'hybrider à l'ARN pré-messager au niveau des régions entourant un exon muté, permettant ainsi son exclusion lors de la maturation de l'ARNm (Figure 20a).

D'un point de vue historique, le saut d'exon basé sur l'utilisation d'oligonucléotides a été développé avant les méthodes virales (Dominski and Kole, 1993; Mann et al., 2001; Wilton et al., 1999). Toutefois même si ces petits oligonucléotides peuvent pénétrer facilement dans les fibres musculaires, cette génration de molécules a tendance à être instable dans les cellules. Cependant l'utilisation de diverses modifications chimiques de l'extrémité des séquences d'acides nucléiques telles que les 2'-O-méthyl phosphorothioates, PNA, morpholinos (Hu et al., 2010; Rando, 2007; Wood, 2010) a permis :

- de faciliter le passage au travers des membranes plasmiques et nucléaires des cellules musculaires,

- d'induire spécifiquement le saut d'exon à des taux élevés en utilisant de basses concentrations d'antisens,

- d'augmenter leur stabilité et leur résistance aux dégradations.

C'est ainsi que l'injection intramusculaire de ces divers oligonucléotides a permis de restaurer le cadre de lecture de la dystrophine dans les souris *mdx* (Lu et al., 2003) et dans des cellules de patients humains (Aartsma-Rus et al., 2003).

Le principal problème de cette approche réside dans l'instabilité des molécules thérapeutiques. Ces molécules sont certes plus stables que des oligonucléotides ordinaires, mais après quelques semaines, elles sont dégradées (leurs présences dans les fibres passent de 15% à 0% en 3 mois (Lu et al., 2003). Cet inconvénient serait cependant contournable par des injections répétées (Lu et al., 2005).

Une étude de thérapie génique de phase I/II vient d'être démarrée suite aux résultats de l'étude de phase I publiée par l'équipe dirigée par J.C. van Deutekom (van Deutekom et al., 2007). Cet essai de phase I concerne 4 patients DMD qui ont reçu des injections intramusculaires d'un oligonucléotide anti-sens PRO051, capable d'induire le saut de l'exon 51. Ces quatre patients présentaient tous des délétions d'exons décalant le cadre de lecture, et pour lesquelles le saut de l'exon 51 permettait la production d'une protéine. Ainsi chez ces patients, un marquage par immunohistochimie a permis de mettre en évidence la présence de dystrophine au niveau des sites injectés, résultat confirmé par WB. Ce nouvel essai de phase I/II destiné à tester l'efficacité des AON (Antisens OligoNucleotides) dans la myopathie de Duchenne est menée dans trois centres à Leiden (Pays-Bas), Götteborg (Suède) et Leuven (Belgique). Pour cet essai, les chercheurs utilisent la voie systémique par injection sous-cutanée qui devrait permettre d'atteindre l'ensemble de la musculature squelettique et cardiaque.

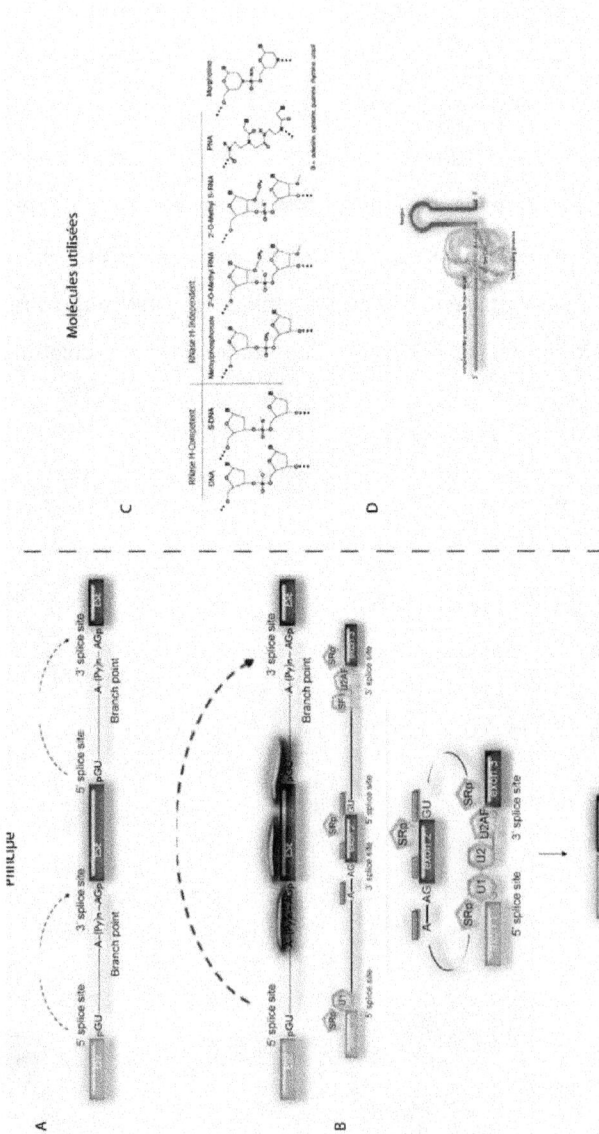

Figure 20 : Principe du saut d'exon

A- Le mécanisme de saut d'exon est basé sur l'utilisation de séquences d'oligoribonucléotides antisens (AONs), qui sont des petites molécules d'ARN de synthèse qui peuvent lier et donc masquer des séquences du pré-ARNm spécifiquement sur des séquences essentielles au déroulement normale de l'épissage, qui sont également les définitions des exons (site de branchement, site donneur, site accepteur et ESE pour exonic splicing enhancer). B- Mécanisme d'épissage. C- les différentes chimies existantes. D- U7-AON : le produit du m-igène consiste en une séquence antisens appropriée, camouflée dans un petit ARN nucléaire naturel, le snARN U7, qui est normalement impliqué dans la maturation des transcrits d'histone. L'ARN U7 chimère est produit sous l'influence de son propre promoteur ; l'antisens antagoniste d'épissage qu'il contient n'est pas reconnu comme une séquence exogène et échappe à la dégradation par les RNases.

Images adaptées de Luis Garcia

Les AON synthétiques ne sont pas les seules molécules capables de réaliser de telles modifications. En effet, avant l'apparition des techniques de modifications chimiques des AON synthétiques, les équipes de I. Bozzoni à Rome et D. Schümperli à Bern ont eu l'idée de faire produire ces AON dans la cellule grâce à un vecteur viral afin de contourner les problèmes de stabilité (Bozzoni et al., 1984; Schumperli et al., 1990; Schumperli and Pillai, 2004). La grande majorité des processus d'épissage est catalysée par le spliceosome, qui est composé de cinq petits snRNP (small nuclear ribonucleoprotein) associés à des centaines de protéines différentes. U7, un snARN ((small nuclear ARN) non-spliceosomal qui possède une structure semblable aux facteurs d'épissage, a été modifié pour qu'il puisse lier les protéines Sm, et être redirigé vers le spliceosome pour y apporter les séquences antisens (Gorman et al., 1998) (Figure 20c).

Cette stratégie a été utilisée dans le passé par O. Danos, L. Garcia et leurs collègues qui ont ajouté à la séquence d'ADN du gène U7-snARN, deux séquences antisens ciblant l'exon 23 de la dystrophine (Goyenvalle et al., 2004). Ces chercheurs ont utilisé l'AAV-1 en injection intraveineuse afin d'introduire dans les fibres musculaires de souris *mdx,* ces deux U7-ARN et ainsi permettre le saut de l'exon 23, porteur de la mutation. Comme l'absence de cet exon ne modifie pas le cadre de lecture de la protéine, une dystrophine peut être ainsi synthétisée. Cette protéine bien que plus courte que la dystrophine normale, demeure tout de même beaucoup plus grande que les microDys ou les minidys, et a permis de diminuer l'aspect dystrophique des fibres musculaires, contribuant ainsi à améliorer les performances de la souris.

Parmi les deux méthodes permettant de forcer le saut d'un exon, l'utilisation des AONs synthétiques semble être une stratégie thérapeutique prometteuse. En effet, elle nécessite, dans le cas des maladies neuromusculaires, l'emploi d'aucun vecteur, ne présente pas de risque de surexpression (Glover et al., 2010) ni d'insertion malencontreuse du transgène, et surtout ne modifie que l'ARNm qui est constamment synthétisé. Toutefois, il est important de n'employer ce genre de stratégie que sur la base de preuve de principe qui démontre l'existence de protéine modulaire chez des patients à phénotype modéré. Il y a cependant peu de réarrangements identifiés dans les dysferlinopathies car les techniques de diagnostics moléculaires utilisés ne permettent pas de repérer ce type d'évènement. *Cependant l'identification d'une minidysferline fonctionnelle chez une patiente à phénotype modéré a donné l'opportunité de tester, avec un rationnel, la thérapie par saut d'exon et a donc constitué un autre axe de recherche durant ma thèse.*

En l'absence de cas cliniques démontrant la modularité d'une protéine, il existe également une alternative au saut d'exon : le *trans-splicing*.

7.7.3 L'EPISSAGE EN TRANS (TRANS-SPLICING)

Des échanges de séquences au sein de l'ARN pré-messager peuvent également être réalisés grâce à un événement d'épissage nucléaire, en trans, par exemple, entre un ARN pré-messager endogène mutée et un ARN pré-messager exogène thérapeutique. Ces molécules d'ARN pré-messager (ou PTM pre trans-splicing molecule) agissent en détournant la machinerie d'épissage afin de remplacer le ou les exons mutés par une version sauvage (Puttaraju et al., 1999).

Ces PTM contiennent trois domaines principaux: (i) un domaine de liaison, complémentaire à une séquence sur l'ARN pré-messager cible, (ii) un domaine d'épissage contenant les éléments pour le mécanisme d'épissage, tel que le point de branchement (BP), (séquence riche en polypyrimidine (PPT)), qui initie l'assemblage du spliceosome et un site 3' d'épissage (3'SS), et enfin (iii), la séquence codante d'intérêt, constituée d'un ou plusieurs exons, avec un signal polyA (PA) (Puttaraju et al., 1999) (Figure 21).

À ce jour, la méthode de trans-splicing a été appliquée à deux pathologies musculaires, la SMA et la DM1 (spinal muscular atrophy et dystrophie myotonique de type 1 autrement appelée myopathie de Steinert). Dans la SMA, l'objectif était d'amener un exon alternatif par trans-épissage, et dans la DM1, l'objectif était d'échanger la région 3'UTR (untranslated region) pathogène avec une séquence normale.

Le gène SMN1 est le gène dont les mutations sont responsables de la SMA (Lorson et al., 1998). Il existe une copie quasi identique, le gène

134

SMN2, dans la même région. Le gène SMN1 est absent ou altéré chez les malades alors que sa copie est toujours présente. Une différence nucléotidique présente dans l'exon 7 du gène SMN2 est responsable d'un épissage alternatif de cet exon et produit des transcrits avec ou sans l'exon 7 (Lorson et al., 1999). Dans la SMA, le trans-splicing a été utilisé pour incorporer l'exon 7 codant de *SMN2* (Coady et al., 2007). Le PTM a été exprimé grâce à un vecteur AAV-2 permettant une augmentation stable des niveaux d'expression de SMN dans des fibroblastes primaires de patients SMA (Coady et al., 2008). Plus récemment, l'efficacité du trans-splicing de *SMN2* a été considérablement améliorée en combinant cette approche avec la désactivation du site d'épissage de l'intron 7/exon 8, grâce à un AON.

En modifiant l'ARNm endogène, le trans-splicing offre l'avantage du maintien de l'expression des autres ARN en introduisant seulement des modifications dans les cellules exprimant le transcrit délétère, cible du PTM. En théorie, cette méthode pourrait être appliquée à tous les types de mutations contrairement aux stratégies de saut d'exon ou d'inclusion d'exon (méthode de chirurgie du messager permettant de masquer, grâce à des AON, la mutation responsable d'un épissage aberrant d'un transcrit ; cf. Discussion), mais elle nécessite l'utilisation d'un vecteur viral ce qui présente un certain nombre de limitations et contraintes (cf. paragraphes précédents). Bien que prometteuse, cette méthode ne peut pas, à l'heure actuelle, rivaliser avec les approches de *cis*-épissage, et

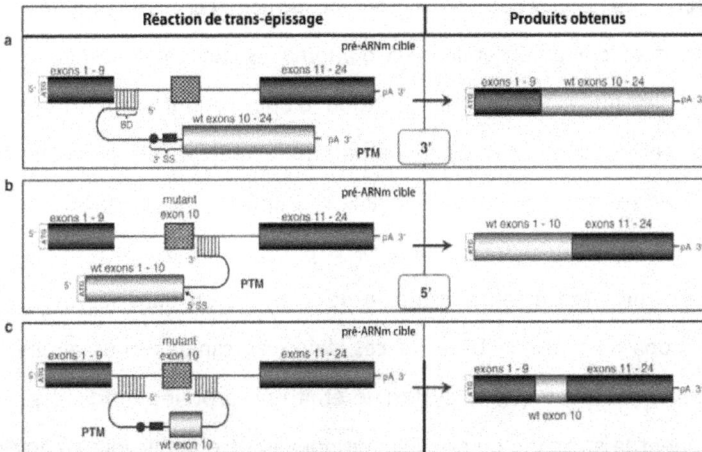

Figure 21 : Le trans-épissage.
La partie 3', 5' ou interne des ARNm peut être modifiée par trans-épissage. (a) Le trans-épissage 3' : L'extrémité 3' du pré-ARNm cible est remplacé par les séquences codantes portées par une molécule de pré-trans-épissage 3' (PTM). Le PTM s'associe avec le pré-ARNm cible par un domaine de liaison (BD) qui est homologue entre les deux molécules, induisant alors un trans-épissage entre le site d'épissage 5' de la cible et le site d'épissage en 3' du PTM (SS 3'). Cette PTM porte un site de polyadénylation (pA), mais aucun codon d'initiation ATG, qui doit être présent sur le pré-ARNm cible. (b) Le trans-épissage 5' : Cette PTM contient un site d'épissage 5' suivi d'un domaine de liaison.Le trans-épissage remplace l'extrémité 5' du pré-ARNm cible par la séquence présente dans le PTM 5'. Ce PTM doit comporter un codon d'initiation, mais pas de signal de polyadénylation. (c) L'échange par trans-épissage : ce PTM contient deux domaines de liaison, un site d'épissage 3' et 5', et est capable de remplacer des exons. Ce PTM ne contient pas de codons d'initiation ou de signaux de polyadénylation, et peut être de taille réduite, en fonction de la longueur de la séquence à trans-épisser. *d'après Gene Therapy (2005) 12, 1477–1485*

beaucoup de travail d'optimisation des PTM reste encore à réaliser pour en faire une stratégie thérapeutique envisageable chez l'homme.

Les différentes problématiques que j'ai abordées pendant mon travail de thèse ont eu pour objectif de répondre aux questions soulevées au cours de l'introduction. La majeure partie des travaux effectués repose sur la notion de ***recherche transversale***. Ce concept consiste à s'inspirer d'observation clinique et d'étude approfondie au niveau moléculaire afin de comprendre l'effet pathogène d'une mutation sur le rôle de la protéine et dans certains rares cas à partir de l'observation de patients à phénotype modéré, d'imaginer des stratégies thérapeutiques adaptées. C'est ainsi que nous avons orienté nos travaux de la manière suivante :

recherche de nouveaux outils diagnostiques afin de simplifier le diagnostic et d'augmenter le taux d'anomalies détectées. En parallèle, nous avons pu, grâce à l'identification d'une patiente présentant un phénotype modéré de dysferlinopathies, caractériser la première minidysferline fonctionnelle. Par ailleurs, grâce aux données de la littérature issues de l'observation de patients, nous avons pu, pour la première fois, appliquer la stratégie de saut d'exon dans le cadre des dysferlinopathies. Sur la base de ces deux cas cliniqes nous avons pu émettre l'hypothèse que la dysferline était une protéine modulaire. Par conséquent la stratégie de saut d'exon pouvait être applicable à certains exons dans le cadre des dysferlinopathies. L'ensemble des travaux et des résultats obtenus qui vont vous être présentés ici, ont été réalisables grâce à une collaboration étroite entre les équipes de diagnostic et de recherche clinique situées à l'Hôpital enfant de la Timone (service du Professeur Nicolas Lévy) et de recherche fondamentale (UMR_S910), tous deux réunis au sein du même campus.

PRESENTATION DES TRAVAUX et DISCUSSION DES RESULTATS

1. Mise au point et exploration de nouvelles stratégies diagnostiques

2. Approches thérapeutiques

PRESENTATION DES TRAVAUX et DISCUSSION DES RESULTATS

Les travaux de recherche exposés ci-dessous ont été réalisés sous la direction du Professeur Nicolas Lévy, au sein de l'INSERM UMR_S910 « Génétique médicale et Génomique fonctionnelle » en étroite intéraction avec le Laboratoire de Génétique moléculaire du Département de Génétique médicale de Marseille. Il est à mentionner que l'analyse moléculaire du gène *DYSF* a été mise en place dans le Laboratoire de Génétique Moléculaire dans les années 2000 qui est devenu depuis le Laboratoire National de Référence pour le diagnostic génétique des dysferlinopathies.

L'analyse moléculaire du gène *DYSF* est complexe puisqu'il s'agit d'un gène de grande taille (55 exons), avec un large spectre mutationnel (362 mutations différentes reportées dans la base de données Leiden, mise à jour en Septembre 2010). Pour toutes ces raisons, une stratégie diagnostique à plusieurs étapes a été instaurée avant de procéder à l'analyse moléculaire du gène. Etant présent dans plusieurs tissus tels que le cerveau et le poumon, le gène *DYSF* s'exprime principalement dans les muscles squelettiques et cardiaques, ainsi que dans les monocytes/macrophages (Anderson et al., 1999; Ho et al., 2002).

Après l'observation clinique du patient, l'étape primordiale du diagnostic est l'étude de la biopsie musculaire qui permettra la recherche de la dysferline. Cette analyse est réalisée par immunohistochimie et/ou par Western-Blot (WB) à partir de protéines extraites des muscles ou des monocytes sanguins. Si un déficit protéique en dysferline est mis en évidence, une analyse ciblée du gène *DYSF* est effectuée afin d'identifier des mutations constitutionnelles délétères (DCM ou mutation pathogène). L'identification des deux DCM permet alors de confirmer le diagnostic de dysferlinopathie sur le plan génétique. Ces résultats ont des implications importantes au niveau de la prise en charge du patient. Ils permettent la mise en place d'un conseil génétique adapté et l'inclusion potentielle des patients dans de futurs essais thérapeutiques. L'analyse moléculaire est effectuée en routine par criblage mutationnel de la séquence codante au niveau génomique ou transcriptionnel. Bien que onéreuse et fastidieuse, cette procédure permet l'identification des deux DCM chez environ 70% des patients. Pour 20% d'entre eux, une seule mutation est identifiée, alors qu'aucune mutation n'est identifiée pour environ 10% des patients (Krahn et al., 2009a). Ce taux de détection incomplet peut-être lié soit à l'impossibilité de détecter certains types de mutations puisque seule l'analyse des régions codantes du gène est effectuée, soit à l'implication d'autres gènes dans des présentations phénotypiques similaires dans le cas où aucune mutation n'est identifiée. Un des défis actuels du diagnostic moléculaire des dysferlinopathies, consiste donc écourter les délais de diagnostic, réduire les coûts des analyses et surtout améliorer le taux de détection des mutations.

1 MISE AU POINT ET EXPLORATION DE NOUVELLES STRATEGIES DE DIAGNOSTICS :

1.1 RECHERCHE DU DEFICIT EN DYSFERLINE PAR CYTOMETRIE DE FLUX

> *Résultats publiés dans l'article 1 Neuromuscul Disord. 2010 Jan;20(1):57-60.*
>
> *Immunolabelling and flow cytometry as new tools to explore dysferlinopathies.*

En raison de la présence de dysferline dans les monocytes, des analyses à visée diagnostique à partir de prélèvements sanguins ont été mis en place. En effet, il a été montré que l'analyse de la présence de dysferline par WB à partir de monocytes était une alternative fiable par rapport à l'utilisation d'échantillons de biopsies musculaires (Ho et al., 2002; Rosales et al., 2010). Au vu de leurs accessibilités, les monocytes représentent un excellent modèle, plus facile à obtenir qu'une biopsie musculaire, à plus forte raison, chez des patients souffrant de dystrophie musculaire. Toutefois, comme il n'y a que 1% de monocytes parmi les cellules sanguines circulantes, une étape de sélection de ces monocytes est nécessaire avant la réalisation du WB. Cette technique est longue et onéreuse qui nécessite une grande quantité de sang (environ 15ml). J'ai essayé, au début de mon travail de thèse, d'utiliser la cytométrie de flux sur sang total (ou WBFC : whole blood flow cytometry) afin de détecter la présence de la dysferline à partir de sang total. Cette technique est plus avantgeuse puisqu'elle permet de réduire les coûts et les temps de manipulation puisque il n'y a plus besoin de sélectionner les monocytes. Son utilisation ne nécessite pas de réaliser l'extraction des protéines. De plus seulement 100µl de sang total sont nécessaires par expérience.

Malgré la facilité d'usage de la WBFC, la mise au point de ce test a été laborieuse :

- absence de standardisation des tubes de sang utilisés lors du prélèvement des patients (ACD versus EDTA versus héparine),
- difficulté de mise au point de l'immuno-marquage sur monocytes puisque ceux-ci présentent des récepteurs aux parties constantes des immunoglobulines (ou FcR) au niveau de leurs membranes. Ces récepteurs vont pouvoir reconnaitre et capturer tous les anticorps de type IgG utilisés lors du marquage,
- durée de vie limitée de la dysferline dans le monocyte, comme nous le verrons plus tard,
- difficulté de reconvoquer des patients dont le bilan diagnostique avait déjà été rendu.

Malgré tout, en utilisant seulement 100µl de sang total, nous avons été en mesure de détecter la dysferline à l'aide de trois anticorps différents (NCL-Hamlet1 qui reconnaît les acides aminés 1999-2016, NCL-Hamlet2: aa349-366 et SC-16634: qui reconnait une région interne de dysferline) (Article 1 Figure 1a). De plus, nous avons testé, par WBFC, la présence puis la stabilité de la dysferline en fonction du type d'anticoagulant utilisé (ACD, l'héparine et EDTA) ainsi que la durée de conservation de l'échantillon sanguin (0, 24, 48 et 72 heures après la collecte du sang) chez 15 sujets témoins. Nous avons ainsi mis en évidence que la dysferline pouvait être détectable uniquement pendant les 24h suivant le prélèvement des échantillons sanguins comme cela avait déjà été observé lors de l'utilisation des protéines de monocytes en WB (Article 1 Figure 1b,c). Il est à noter que parmi les différents anticoagulants utilisés, les signaux obtenus à partir de sang hépariné, donnaient des résultats moins reproductibles.

Dans le but de confirmer et de valider ce WBFC, des patients suivis dans le Service des Maladies Neuromusculaires du Professeur Jean Pouget à Marseille ont été sollicités pour refaire un prélèvement qui conforterait les résultats obtenus précédemment. Etant donné la courte durée de vie de la dysferline dans le sang, nous avons choisi de solliciter des patients résidant à proximité du centre de la Timone. Chez deux d'entre eux (homozygote c.1392dupA p.Asp465ArgfsX9 pour l'un; hétérozygote composite pour l'autre c.3703-1G>A et c.490G>T p.Gly164X; qui sont des mutations entraînant une absence de l'épitope NCL-Hamlet1 sur la dysferline), aucun signal ne fut détecté comme nous le supposions (Article 1 Figure 2a). Chez les deux autres patients (hétérozygote composite pour l'un c.1157_1168delTCCGGGCCGAGG p.Phe386_Asp390delinsTyr et c.1663C>T p.Arg555Trp, et r.89_4410del à l'état homozygote pour le second patient ; ces mutations entraînant la production d'une dysferline possédant l'épitope NCL-Hamlet1), un signal fut détecté tel que nous pouvions le prévoir (Article 1 Figure 2b).

Ces résultats très encourageants soulignent donc l'intérêt de la WBFC pour le diagnostic des dysferlinopathies. La rapidité de cette technique qui dure moins de 4 heures est plus avantageuse que les 48h de manipulation requise pour réaliser le WB. En outre, comme la cytométrie en flux est disponible dans de nombreux centres hospitaliers, cette méthode pourrait être utilisée dans les laboratoires de diagnostic.

Ces travaux ont fait l'objet d'une publication que je signe en tant que premier auteur (Wein et al., 2010b). J'ai réalisé en parallèle des expériences d'immunocytochimie sur ces monocytes. Les résultats se sont avérés correspondre avec les données obtenues par WBFC et WB (Article 1 Figure 1 et 2). Cette technique pourrait servir à observer la localisation intracellulaire d'éventuelles protéines « dysferline tronquée » lorsque des anticorps ciblant le domaine N-terminal existeront.

Etant donné la faiblesse du signal, des difficultés d'interprétations peuvent en résulter. Cela peut être expliqué par plusieurs éléments : 1) L'utilisation de l'anticorps NCL-Hamlet1. Cette anticorps reconnaissant un épitope intracellulaire, une étape de perméabilisation des cellules est nécessaire, augmentant ainsi le risque de bruit de fond, 2) il n'existe pas d'anticorps reconnaissant la dysferline qui soit déjà couplé à un fluorochrome. Dans le but de contourner ces difficultés, nous avons tenté d'améliorer la qualité et la spécificité du signal en essayant de coupler l'anticorps NCL-Hamlet1 à un fluorochrome. Malheureusement cette tentative fut sans succès.

144

Cette méthode n'est donc pas encore suffisamment sensible pour permettre la quantification précise du taux de dysferline. En l'absence d'autres anticorps, cette WBFC pourra servir au diagnostic des dysferlinopathies, uniquement dans les conditions suivantes: 1) pour les patients porteurs de mutations tronquantes (non-sens, décalage du cadre de lecture avec apparition de codon stop prématuré), entraînant ainsi l'absence de l'épitope reconnu par NCL-Hamlet1, 2) pour les patients qui ont un déficit complet de la protéine dysferline (mutations responsables d'une instabilité/dégradation du messager et/ou de la protéine). En cas de signal positif, une analyse protéique par WB doit être effectuée. Cette WBFC est donc une étape qui pourrait être incluse dans la démarche diagnostique. Elle permettrait un diagnostic rapide et facile de la dysferline permettant ainsi d'éviter, dans certains cas, d'avoir recours à la réalisation d'un WB. Pour une application plus large en diagnostic, les outils utilisés au cours de cette approche devront être améliorés pour permettre une quantification précise du taux de dysferline.

En plus de leurs applications dans un contexte diagnostic, ces deux outils pourraient être utilisées pour évaluer l'efficacité d'approches thérapeutiques (tel que le saut d'exon ou la translecture de codon stop). En effet, puisqu'ils se basent sur l'utilisation de prélèvements sanguins, technique peu invasive, on pourrait suivre, régulièrement chez les patients, les effets d'un traitement au cours du temps.

1.2 RECHERCHE DE REARRANGEMENTS DANS LE GENE *DYSF*

Depuis Septembre 2009, le Laboratoire de Génétique du Pr Nicolas Lévy réalise seulement le séquençage direct des séquences codantes du gène *DYSF*. Parmi la cohorte de patients publiée par Krahn et collaborateurs (Krahn et al., 2009b), cette stratégie permet la détection de 70% des deux mutations constitutionnelles délétères.

Comme indiqué plus haut, chez certains patients, une seule, voire aucune DCM n'a été identifiée. Quand nous sommes confrontés à cette situation, des analyses moléculaires complémentaires sont nécessaires pour identifier clairement les mutations pathogènes. Pour certains patients, dont une seule ou aucune mutation délétère n'a pu être identifiée, des analyses transcriptionnelles à partir des ARNm extraits de biopsies musculaires ou de monocytes, ont été effectuées, lorsque les échantillons étaient disponibles, afin de rechercher d'éventuelles mutations introniques profondes, induisant des anomalies d'épissage (De Luna et al., 2007). Cette étude est basée sur le séquençage de l'ADNc et l'analyse qualitative par RT-PCR des échantillons. D'autre part, certains types de DCM ne sont pas détectables par les approches de séquençage direct. Ceci concerne, en particulier, les remaniements génomiques de type délétions et/ou duplications de certains exons et/ou introns. L'existence de ce type de remaniements génomiques qui existe pour de nombreux gènes, n'avait pas encore été mise en évidence pour le gène de la dysferline.

Ainsi, afin de rechercher de tels évènements (délétions et/ou duplications exoniques), notre équipe a mis au point deux nouveaux outils permettant l'analyse du locus de la dysferline : la MLPA™ (ou Multiplex ligation-dependent Probe Amplification) et la CGH (Comparative Genomic Hybridation).

1.2.1 AMPLIFICATION MULTIPLEX DE SONDES LIGATIONS DEPENDANTES (MLPA™)

Résultats publiés dans l'article 2 -Genet Test Mol Biomarkers. 2009 Aug;13(4):439-42 Identification of different genomic deletions and one duplication in the dysferlin gene using multiplex ligation-dependent probe amplification and genomic quantitative PCR.

La MLPA™ est une nouvelle technologie fondée sur la PCR qui établit une distinction entre le nombres de copies des séquences d'ADN ciblées et permet de mettre en évidence des délétions de grandes tailles qui ne sont pas détectables à l'aide de la dHPLC (Figure 22) (Schouten et al., 2002) ou du séquençage direct. La MLPA™ s'avère être une méthode rapide, simple et fiable dont les coûts sont comparables à ceux de la QF-PCR (Hochstenbach et al., 2005).

J'ai participé à la recherche de réarrangements exoniques pathogènes au sein du gène *DYSF*. Pour cela, nous avons utilisé la MLPA™ sur un total de 12 échantillons provenant de patients avec une suspicion de dysferlinopathies primaires (Article 2 Table 1). Il est à noter qu'en raison des possibilités limitées de multiplexage, les exons 3, 8, 11, 15, 19, 21, 26, 28, 32, 35, 38, 39, 46, 48 et 50 ne sont pas inclus dans le kit commercial *DYSF*-MLPA™ (soit 15 exons sur 55). L'utilisation de cette technique a permis de mettre en évidence des réarrangements exoniques chez cinq patients : une délétion hétérozygote des exons 25 à 29 inclus (c.2512-?

1. Denaturation and Hybridization

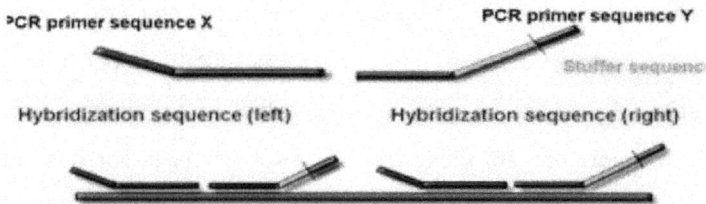

PCR primer sequence X

PCR primer sequence Y

Stuffer sequenc

Hybridization sequence (left)   Hybridization sequence (right)

2. Ligation

3. PCR with universal primers X and Y
exponential amplification of ligated probes only

X   Y

_3174þ? Del ; le « ? » signifiant une borne non connue), une délétion hétérozygote de l'exon 52 (c.5768-? _5946þ? del), une délétion homozygote de l'exon 5 (c.343-? _457þ? del), une délétion homozygote de l'exon 55 (c.6205-? _ *+? del) et une large délétion homozygote des exons 2 à 40 (c.89-643_4474-2493del). De même, nous avons pu mettre en évidence la première duplication pathogène dans le gène *DYSF* (exons 37 à 39 inclus (HTZ 3904 -? _4333+? dup) (Article 2 Table 1). Ces résultats ont été confirmés par des qPCR.

Pour la première fois, ces résultats ont montré l'existence de grands réarrangements exoniques pathogènes dans les dysferlinopathies primaires et sont l'objet de l'article 2 (Krahn et al., 2009b). Cependant, la MPLA n'a été réalisée qu'en deuxième intention et ne concernait que les patients porteurs d'une seule ou d'aucune mutation constitutionnelle délétère. Parmi les 40 patients inclus dans cette étude, seuls cinq remaniements ont été identifiés. Ces résultats suggèrent que soit les remaniements génomiques sont des évènements rares, soit que la couverture des sondes présentes dans ce kit n'est pas suffisante.

1.2.2 HYBRIDATION GENOMIQUE COMPARATIVE (CGH)

Comme nous venons de le voir, l'utilisation de la MLPA™ permet de détecter les réarrangements génomiques. Toutefois, ce kit *DYSF*-MLPA™ ne couvre que 40 exons sur les 55 de la dysferline. Pour surmonter les limites techniques de ce test diagnostique, j'ai participé au design et au développement d'une nouvelle technologie : la CGH sur puce à haute densité qui permet de rechercher des remaniements géniques avec une forte résolution (Figure 23) (Forozan et al., 1997).

Le principe de la CGH sur puces consiste en une hybridation compétitive entre deux ADN, celui du patient et celui d'un témoin. Les ADN sont marqués à l'aide de fluorochromes (les plus couramment utilisés sont les cyanines Cy3 et Cy5) et hybridés simultanément sur un support où sont fixés des fragments d'ADN des régions d'intérêts aussi appelés « sondes ». Ces sondes sont de longs oligonucléotides (~ 50 - 75mer ou bases) qui assurent une grande sensibilité et spécificité. Au contact de la puce, les brins d'ADNg marqués s'apparient par complémentarité avec les sondes présentes sur la lame. La mesure de l'intensité du signal fluorescent émis sur chaque spot permet ainsi d'estimer le nombre différentiel de copie de la région correspondante.

Environ 20% des mutations pathogènes ne sont pas détectées chez les patients atteints de dysferlinopathies. Ces données suggèrent que des gènes modificateurs ou soit de nouveaux loci pourraient impliquées dans des phénotypes dysferlin-like. Grâce aux diverses améliorations techniques, les puces CGH de nouvelles générations, qui possèdent un plus grand nombre de sondes, permettent de tester, en parallèle, plusieurs loci connus ou candidats (Hegde et al., 2008; Lugtenberg et al., 2006; Saillour et al., 2008).

Nous avons donc développé un format de puces CGH à haute densité dédié à la recherche de remaniements génomiques dans les dysferlinopathies. Ces puces sont constituées de sondes ayant un espacement moyen de 60 bases entre le début des sondes permettant la couverture de la totalité du locus de la dysferline (intron, exon, 5'UTR et 3'UTR) mais également de loci candidats. Parmi les loci choisis, nous avons sélectionné, sur la base de la littérature, 46 gènes impliqués dans le développement du tubule-T ou dans la fusion de membrane.

Nous avons opté pour un format de puces à quatre chambres d'hybridation indépendantes contenant chacune 72 000 sondes couvrant la totalité des 48 loci sélectionnés et permettant ainsi le criblage simultané de quatre patients (Figure 23).

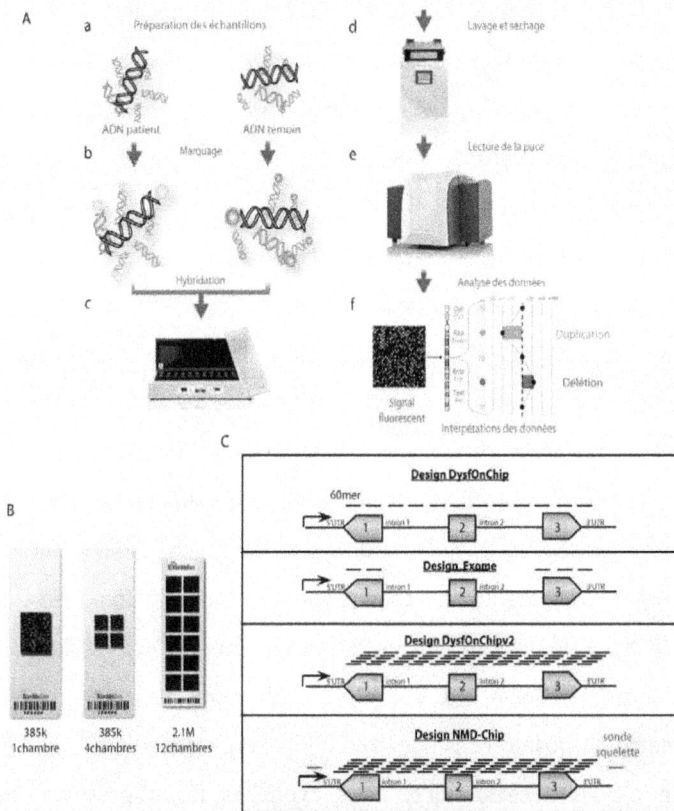

Figure 23 : La CGH.

A. Le principe de la CGH : a. Purification et sonication des ADN de patients et de témoins, b. Marquage de l'ADN témoin avec la cyanine 5 et de l'ADN de patient avec la cyanine 3, c. Hybridation des ADN marqués sur la puce contenant les sondes d'intérêts, d. Lavage et séchage de la lame, e. Lecture de la puce grâce à un scanner à fluorescence, f. Analyse des données. Le logiciel permet une représentation graphique des ratio Cy3/Cy5. Les décalages du graphique correspondent soit à des délétions soit à des duplications.

B. Les différents formats de puce CGH Roche-Nimblegen : Plusieurs formats de puce existent : la taille correspond au nombre de sondes présentes sur la puce. Le nombre de chambres correspond au nombre d'hybridations différentes réalisables sur la même puce.

C. Les différents design existants : Pour le desgin DysfOnChip, les sondes sont juxtaposées et permettent la couverture complète des gènes d'intérêts. le Désign exome ne permet que de détecter des évenements de réarrangement exoniques. Le design DysfOnChipv2 est une amélioration du design DysfOnChip. La couverture est la même mais les sondes sont espacées de 10 bases en 5', permettant une meilleure couverture des petits exons. Finalement le Design NMD-Chip est identique sauf qu'une partie des sondes sont dites sondes "squelettes" et couvrent des régions de non-intérêts, espacées de 6kb. Ces sondes permettent d'atténuer les variations non significatives.

La préparation des échantillons d'ADN génomique de témoins et de patients, leurs marquages fluorescents et leurs hybridations sur les puces CGH ont été réalisés selon les recommandations du protocole de Roche Nimblegen™. La mesure de l'intensité pour chaque spot a ensuite été réalisée et les données obtenues ont été analysées grâce à un logiciel (dans notre cas Nimblescan (Roche)). Ce logiciel calcule les intensités de fluorescence pour chaque sonde puis calcule le ratio Cy5/Cy3.

Ainsi si le ratio est supérieur à 0, la région d'intérêt est dupliquée dans l'échantillon marqué en rouge par rapport à celui marqué en vert et vice-versa. Pour manipuler et analyser les données, les ratios du nombre de copies sont transformés dans une échelle logarithmique, permettant ainsi de transformer le ratio du nombre de copies en une fonction linéaire.

Le logiciel représente les résultats sous forme de graphique où l'axe des y indique le gain ou la perte de matériel (+0.35 = duplication homozygote, 0 = normal, -0.35 = délétion homozygote), alors que l'axe des x indique la position de chaque sonde sur le chromosome.

Afin d'évaluer cette puce, nous avons, dans un premier temps, effectué des expériences sur des patients déjà diagnostiqués sur le plan moléculaire (délétions exoniques à l'état hétérozygote ou homozygote préalablement identifiées dans les gènes *DYSF* et *CAPN3* par MLPA™, et confirmées par PCR génomique quantitative) (Figure 24). Au sein de cette cohorte de 12 patients, j'ai pu retrouver 7 remaniements génomiques de grande taille (la taille minimale du remaniement identifié (délétion ou duplication) est de l'ordre de 800 bases) (Figure 24). En revanche, 5 réarrangements de petite taille n'ont pas été retrouvés.

Tableau 1 - Tests de la validité des CGH DysfOnChip.

Gène	Ref Seq	Numéro patient	Anomalies attendues	Taille (pb)	Statut	Nombre de sonde (exon-exon)	Résultats obtenus oui	non
DYSF	NM_003494	1	del HTZ ex52 DYSF	179	HTZ	3		x
		2	del HTZ ex.25-ex.27 DYSF	1984	HTZ	22		x
		3	del HTZ intr.1-intr.40 DYSF	144480	HTZ	4323	chr2:71560410-71704690 seuil 0,179	
		4	del HOMO intr.1 intr.40 DYSF	144480	HOMO	4323	chr2:71560650-71720670 seuil 0,340	
		5	del HOMO ex3 DYSF	115	HOMO	5		x
		6	dup ex.37-ex.38 DYSF	382	HTZ	7	chr2:71684074-71693259 seuil 0,128	
CAPN3	NM_000070	1	del HTZ intr.1-intr.8 CAPN3	34250	HTZ	734	40444500-40474500 seuil 0,138	
		2	del HTZ ex.2-ex.8 CAPN3	9800	HTZ	164	40390087-40445325 seuil 0,131	
		3	del HTZ intr.8 CAPN-intr.1 CAPN3	39818	HTZ	568		x
		4	del HTZ ex.1 CAPN3	114	HTZ	2	40444500-40474500 seuil 0,134	
		5	del HTZ intr.1-intr.8 CAPN3	34250	HTZ	734		x
		6	del HTZ intr.2-intr.6 CAPN3	5550	HTZ	93	40464092-40470213 seuil 0,249	

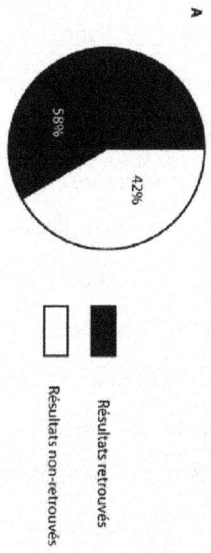

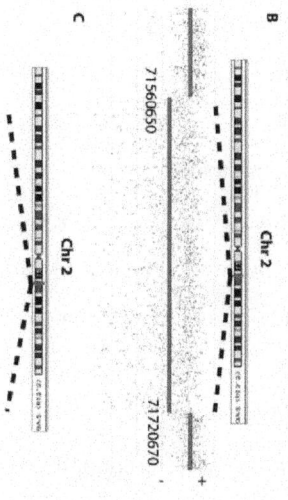

A

58% / 42%

■ Résultats retrouvés
□ Résultats non-retrouvés

B Chr 2 71560650 71720670

C Chr 2 71684000 71693000

Figure 24 - Test de la validité des CGH sur des patients ayant des anomalies connues.
A. Représentation schématique du pourcentage d'anomalies détectées avec les CGH DysfOn-Chip.
B. Exemple d'anomalies détectées : Large délétion à l'état homozygote dans le gène DYSF.
C. Exemple d'anomalies détectées : Duplication à l'état homozygote dans le gène DYSF

154

Dans un second temps, nous avons réalisé des expériences sur une cohorte de 16 patients pour lesquels une ou aucune DCM avait été identifiée. De nombreux remaniements ont été obtenus. J'ai pris la décision d'explorer et de confirmer ces remaniements uniquement lorsqu'ils touchaient des régions exoniques. Parmi les 29 remaniements exoniques retenus, 18 concernaient des CNV (variation du nombre de copies, Copy Number Variation) déjà décrits, les CNV étant une forme particulière de polymorphisme pour lesquels le nombre de copies d'une région d'ADN dans le génome est variable entre les individus de la même espèce. Parmi les 9 remaniements restants, 8 ont été confirmés par PCR quantitative. 3 de ces remaniements, identifiés chez des patients ne possédant qu'une seule mutation dans le gène *DYSF,* ont attiré notre attention car ils n'avaient jamais été décrits dans la littérature (Figure 25). Ces 3 réarrangements génomiques sont situés dans des gènes candidats dont nous dissimulerons le nom car nous attendons à l'heure actuelle, la réception des ADNg des parents afin de confirmer une potentielle implication de ces gènes dans la pathologie.

Ces gènes sont certainement des gènes modificateurs puisqu'ils ont été identifiés chez des patients porteurs d'une DCM. Ce résultat pourrait expliquer pourquoi des patients porteurs de la même mutation n'ont pas le même phénotype. De plus, il se pourrait que ces gènes soient responsables de nouvelles formes de dystrophie qui auraient des caractères phénotypiques proches des dysferlinopathies.

Anomalie n°1

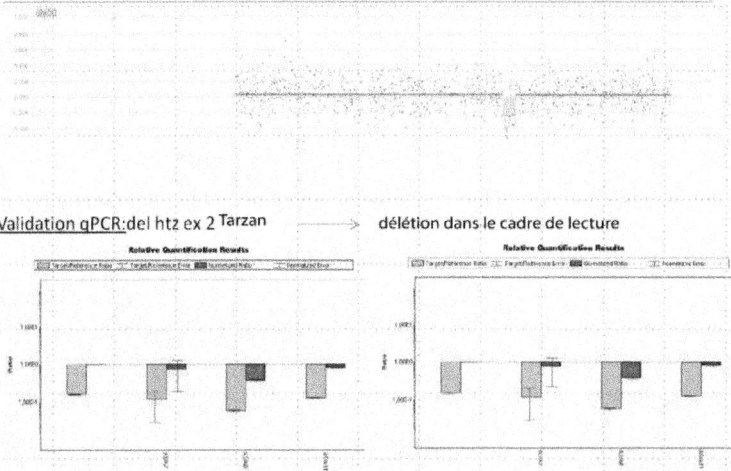

Validation qPCR: del htz ex 2 Tarzan ----> délétion dans le cadre de lecture

Anomalie n°2

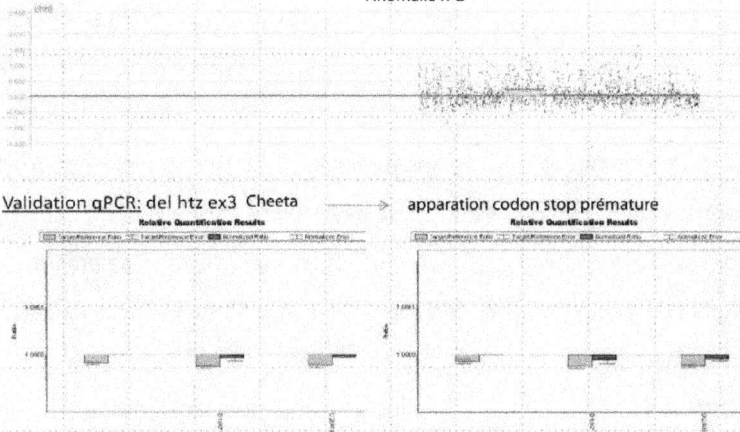

Validation qPCR: del htz ex3 Cheeta ----> apparation codon stop prémature

Figure CGH - Test de la validité des CGH sur des patients ayant des anomalies connues.
Exemple d'anomalies détectées dans des gènes impliquées dans l'homéostasie du tubule T.
Parmi les 29 anomalies identifiées dans ces gènes, seulement 8 ont été confirmées par qPCR

Il est important de préciser qu'il faut, au logiciel d'analyse (Nimblescan ™), un minimum de 5 à 6 sondes, dont le rapport d'intensité de fluorescence de Cy3 sur Cy5 soit différent du seuil fixé par l'utilisateur (dans notre cas +/-0.15) pour qu'il considère ce décalage comme un événement de réarrangement. La majorité des exons ayant une taille moyenne de 150 bases (l'équivalent de ~3 sondes non chevauchantes), le design utilisé n'était donc pas approprié pour une application en diagnostic. Afin d'améliorer la sensibilité de détection des anomalies, nous avons mis au point une autre puce possédant une couverture en sondes plus dense. En effet, dans cette nouvelle puce, les sondes ont un espacement moyen entre le début des sondes de 10 bases et devraient ainsi nous permettre de détecter les petits réarrangements (Figure 24).

En résumé, il y a un certain nombre d'avantages à utiliser la CGH comme test diagnostique plutôt que d'autres approches telles que la MLPA™. En effet, l'emploi des puces permet de définir, plus précisément, les limites introniques des régions remaniées. De plus, ces puces à ADN génomique dédiées à un ensemble de pathologies permettent un criblage rapide et plus exhaustif. Enfin, ces puces autorisent également la recherche en simultanée de réarrangements chez plusieurs patients et sur la même puce.

Cette technologie fiable et robuste a largement été utilisée pour la détection de grands réarrangements génomiques chez les bactéries et est en train de devenir la méthode privilégiée des laboratoires de diagnostic (Kousoulidou et al., 2007; Lugtenberg et al., 2006; Saillour et al., 2008).

Dans le cadre de mon travail de thèse, d'autres travaux visant à rendre certains outils de diagnostic plus performant et à répondre à certaines problématiques soulevées dans l'introduction de cette thèse, ont également été réalisés. Ces travaux tels que la nécessité de disposer d'un nouvel anticorps, ou de disposer de tests permettant de quantifier certaines fonctions de la dysferline seront abordés en annexe puisque les résultats obtenus ont une moindre importance.

2 APPROCHES THERAPEUTIQUES :

Depuis quelques années de nombreux laboratoires de recherche et de diagnostic ont développé, grâce à leurs échanges et interactions, le concept de « recherche translationnelle ».

Les équipes de recherche cliniques et fondamentale du Pr Nicolas Lévy développent ce type d'approche. En effet, le département de génétique médicale du Pr Nicolas Lévy est le centre référence des dysferlinopathies en France et dispose d'une des plus grandes cohortes de patients atteints de dysferlinopathies. Ce département dispose donc des prélèvements d'ADN et de cellules obtenus à partir des patients caractérisés et diagnostiqués au niveau moléculaire, qui ont permis la constitution d'une banque d'ADN et de prélèvement qui a obtenu le label CRB de l'INSERM (Centre de Ressource Biologique). A partir de l'ensemble des données recueillies, une base de données UMD-*DYSF* a été créée contenant les informations relatives aux phénotypes et aux mutations de chaque patient. Ces informations et les échanges fréquents avec les cliniciens sont la base des travaux présentés ci-dessous et nous ont permis au cours de ces différentes années à la fois de comprendre l'impact de ces mutations sur les mécanismes physiopathologiques des dysferlinopathies et de développer à partir de certaines de ces données, des stratégies thérapeutiques adaptées.

2.1 TRANSFERT DE MINIGENE

Résultats publiés dans l'article 3 -Sci Transl Med. 2010 Sep 22;2(50):50ra69.-

A naturally occurring human minidysferlin protein repairs sarcolemmal lesions in a mouse model of dysferlinopathy.

Suivie à Lyon, pour la première fois, par les Drs Vial et Streichenberger dans les années 90, une patiente née de parents apparentés, présentait à l'âge de 30 ans une faiblesse proximale et une difficulté à monter les escaliers. Son taux de CpK sérique était moyennement élevé (2000-4000 UI/L, Normale <200 UI/L). Sur la base de ce phénotype, des coupes de muscles réalisées à partir d'une biopsie musculaire, ont révélé des signes dystrophiques. Les analyses immunohistochimiques et par WB se sont révélées peu informatives compte tenu de la qualité de l'échantillon. Malgré l'absence de ces informations et sur la base de l'examen clinique, une myopathie Miyoshi fut diagnostiquée, sans qu'aucune analyse par séquençage ne soit réalisée.

Au début de mon master 2, cette patiente fut re-convoquée pour confirmer la suspicion de Myopathie de Miyoshi précédemment établie. A l'âge de 44 ans, cette patiente présentait des difficultés pour marcher, mais son handicap ne nécessitait pas l'usage d'une canne. L'examen clinique montra une atrophie des mollets consistant avec un phénotype de MM et une faiblesse sélective des quadriceps, signes d'une évolution vers une forme proximo-distale. Cependant, les signes dystrophiques observés chez cette patiente étaient bien moins sévères que ceux habituellement présents chez les patients MM à cet âge (Article 3 Figure 1a).

En WB, l'analyse de la dysferline à partir de monocytes révéla que cette patiente n'exprimait pas de dysferline à 230kDa (Article 3 Figure 1b). Afin de trouver les mutations constitutionnelles délétères, un séquençage fut effectué. Curieusement, nous n'arrivions pas à amplifier par PCR les régions entre les exons 2 à 40 soit 40 exons. Une étude sur le transcrit fut réalisée et montra la présence d'un ARNm de 2,4kb comprenant les exons 1,41-55 (Article 3 Figure 2d). Nous venions d'identifier la première grande délétion dans le gène de la dysferline. Nous avons également montré, par des expériences de CGH sur les puces précédemment décrites, que la délétion était à l'état homozygote chez cette patiente et à l'état hétérozygote chez ses parents (Article 3 Figure 2a). Ces résultats ont été confirmés à la fois par des expériences de FISH, qui ont permis de mettre en évidence, chez cette patiente, l'absence des deux sondes qui devaient s'hybrider dans la région correspondante à la délétion (Article 3 Figure 2c et S1c) ; et également par qPCR et MLPA™ qui ont confirmé la présence de cette délétion chez la patiente et à l'état hétérozygote chez ses parents (Article 3 Figure S1a). Etant donné la taille de la délétion (plus des 2/3 du gène), le phénotype modéré de cette patiente nous a intrigué. En réalisant des études bioinformatiques de cadre de lecture (ORfinder) sur le transcrit produit chez cette patiente, nous nous sommes aperçu que (Article 3 Figure 2e) :

- Si lors de la traduction, l'ATG natif de la dysferline était utilisé, cela entraînait l'apparition d'un codon STOP prématuré (p.Gly30_Gln1470delfsX29). Nous avons considéré que cette protéine, si elle était produite, ne permettait pas d'expliquer le phénotype modéré de la patiente.
- Par contre, si un ATG alternatif situé 22 bases après était utilisé, cela permettait la synthèse d'une protéine se terminant au codon stop naturel de la dysferline.

Ce transcrit de 1899 nucléotides pouvait donc permettre la synthèse d'une protéine de 632aa (73kDa) tout en conservant les deux derniers domaines C2, le domaine transmembranaire de la dysferline et ne différant de celle-ci, que par ses 21 premiers aa. Afin de mettre en évidence cette « minidysferline », un nouveau WB fut réalisé à partir de la biopsie musculaire initialement réalisée et a permis de détecter la présence d'une protéine d'environ 65kDa (Article 3 Figure 3a). La différence de taille observée, par rapport aux prédictions bioinformatiques, est certainement due à des modifications posttraductionnelles. Nous avons également réalisé un WBFC et des immunomarquages de la dysferline sur monocytes. Ces expériences ont permis de confirmer l'existence de cette protéine qui est localisée au niveau de la membrane plasmique du monocyte (Article 3 Figure S2).

Dans l'hypothèse de confirmer l'utilisation d'un ATG alternatif, nous avons réalisé diverses constructions que nous avons transfectées dans des fibroblastes. (Article 3 Figure 3b). Lors de la transfection du plasmide codant la dysferline (plasmide provenant de l'équipe du Dr. Kate Bushby), nous avons pu mettre en évidence un marquage membranaire. Des transfections de deux autres plasmides ont également été réalisées : l'un codant une protéine traduite à partir de l'ATG natif et l'autre codant la minidysferline. Comme nous pouvions nous y attendre, nous avons pu montrer que seule la minidysferline était produite et localisée au niveau de la membrane plasmique (Article 3 Figure 3b).

Afin de confirmer la localisation de cette minidysferline dans des muscles et de tester la fonctionnalité de cette protéine, nous avons construit en collaboration avec Généthon, un vecteur AAV qui permet la synthèse de cette minidysferline. Ce vecteur fut injecté dans les muscles d'un modèle murin déficient en dysferline (A/J) et l'expression de la minidysferline fut vérifiée par WB (Article 3 Figure 4a). Des analyses par immunofluorescence ont révélé que la minidysferline était bien localisée dans le sarcolemme de la fibre musculaire (Article 3 Figure 4b et S3a). De plus, cette miniprotéine était également présente dans des compartiments intracytoplasmiques ressemblant au tubule-T. Des expériences de colocalisation avec la protéine RyR, sur des sections de muscles de souris traitées, ont démontré que cette minidysferline était également localisée au niveau du tubule-T (Article 3 Figure S3). L'expression de cette miniprotéine dans les muscles de ces souris reproduisait donc l'expression spatio-temporelle de la dysferline (Klinge et al., 2010b). De plus, le transfert de ce minigène n'avait pas entraîné de détériorations morphologiques dans les muscles traités (résultats obtenus par coloration hématoxyline-phloxine-safran (HPS) sur des coupes du tibialis antérieur) (Article 3 Figure 4c), suggérant une absence de toxicité et de réactivité du transgène.

Des expériences de réparation membranaire sur fibres musculaire isolées furent réalisées. Ce test, développé par Paul McNeil et réalisé à Généthon, consiste à provoquer, grâce à un microscope confocal bi-photonique, une blessure du sarcolemme d'une fibre musculaire isolée en présence d'une sonde. Lorsqu'elle s'intercale dans les feuillets lipidiques, la sonde devient fluorescente (Figure 26) (Bansal et al., 2003; McNeil et al., 2003; Thompson and McNeil, 2008).

Il est à noter que, comme la sonde s'intercale dans les feuillets lipidiques, elle devient également fluorescente dans des compartiments intracellulaires tels que le tubule-T et le sarcomère (Lostal et al., 2010). Si le mécanisme de réparation membranaire est fonctionnel, la sonde pénètre dans la fibre musculaire après la lésion pendant un temps très limité. En absence de réparation membranaire et/ou de calcium, la membrane ne se refermant pas, la sonde fluorescente continue d'entrer et de diffuser dans la fibre musculaire. Dans cette situation, l'entrée massive de calcium a pour conséquence d'induire la contraction des fibres musculaires non-réparées. Ce phénomène a un peu perturbé nos analyses, puisque la fibre musculaire se replie sur elle-même. L'intensité de fluorescence et la diffusion de la sonde en fonction du temps sont ensuite quantifiées.

En présence de la minidysferline, les souris injectées ont ainsi eu une amélioration du processus de réparation des membranes (Article 3 Figure 4d,e). On peut en conclure que cette minidysferline participe au processus de réparation membranaire. L'ensemble de ce travail a fait l'objet d'une publication que je signe en premier auteur (Krahn, Wein, Bartoli et al., 2010). Cet article a intéressé de nombreux chercheurs de la communauté scientifique puisque qu'il a été repris dans plusieurs magazines/journaux. (Krahn et al., 2010b)

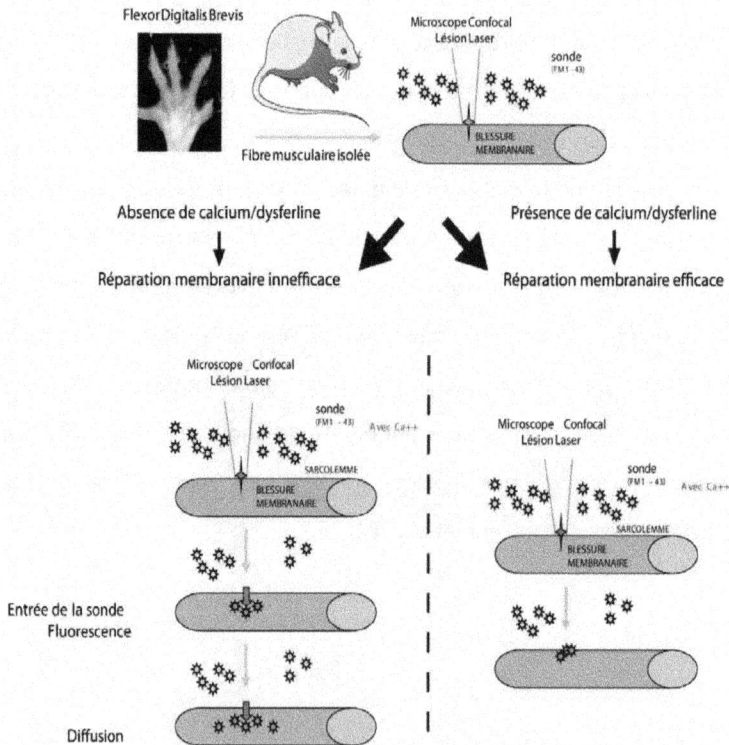

Figure 26 : Test de réparation membranaire.
Ce test de réparation membranaire est effectué sur des fibres musculaires (Flexor Digitalis Brevis) isolées de souris. Il consiste à léser le sarcolemme de la fibre musculaire grâce à un laser bi-photon, en présence d'une sonde (FM1-43), qui devient fluorescente lorsqu'elle s'intercale dans les feuillets des lipides.
Dans le cas d'une absence de dysferline ou d'absence de calcium, la réparation membranaire ne peut se faire. Par conséquent, après lésion, la sonde va pénétrer dans la fibre musculaire et diffuser progressivement. Dans le cas contraire, la sonde va pénétrer dans la fibre musculaire, mais va rester localisée car la lésion aura été réparée. La mesure de l'efficacité de réparation membranaire s'effectue grâce à la quantification de l'intensité de fluorescence émise par la sonde en fonction du temps.

Toutefois, les souris déficientes en dysferline, mais exprimant la minidysferline, présentent encore des signes dystrophiques. La présence de ces signes peut-être dûe soit à une injection trop tardive qui n'a donc pas permis de corriger les défauts préalablement existants, soit les domaines présents dans la minidysferline permettent la réparation membranaire, mais ne compensent pas les autres fonctions de la dysferline. Par exemple, il a été récemment montré que la dysferline interagissait avec AHNAK et l'alpha-tubuline par l'intermédiaire de son premier domaine C2, domaine non présent dans la minidysferline (Azakir et al., 2010; Huang et al., 2007; Klinge et al., 2010b). Pour répondre à ces questions, nous essayons de de construire des mididysferlines artificielles qui comporteront différents domaines de la dysferline.

A partir de l'observation clinique d'une patiente présentant un phénotype atténué de MM, nous avons donc identifié la première grande délétion dans le gène de la dysferline et identifié une minidysferline partiellement fonctionnelle. L'ensemble de ces résultats permet d'apporter des éléments de réponses à une des questions soulevées dans l'introduction de cette thèse et permet d'envisager d'utiliser dans le futur ce vecteur AAV:

- La modularité de la dysferline ? : Cette protéine contient 7 domaines C2 dont les fonctions pourraient être modulaires, signifiant que certains domaines peuvent être fonctionnels indépendamment les uns des autres. La caractérisation de cette minidysferline apporte des éléments de réponses à cette question. Il semblerait, au vu des résultats obtenus, que la présence des domaines C2F, C2G et du domaine transmembranaire soit suffisante pour restaurer partiellement la fonction de réparation de la dysferline. On pourrait donc envisager que certains domaines C2 soient négligeables pour les fonctions de la dysferline (Lek et al., 2010; Therrien et al., 2009; Therrien et al., 2006). Cette hypothèse est soutenue par l'existence d'une protéine qui a une structure similaire à la minidysferline, la synaptotagmine VII. Cette protéine est impliquée dans les phénomènes de réparation et de fusion de membranes dans les synapses des neurones et contient seulement deux domaines C2 et un domaine transmembranaire (McNeil and Kirchhausen, 2005; Schapire et al., 2009). De même, comme je l'ai mentionné dans l'introduction, il existe des formes réduites d'un des membres de la famille des ferlines : la mini-otoferline (Yasunaga et al., 1999).

- Nous disposons d'un vecteur AAV qui pourrait servir de vecteur thérapeutique. Même si le gain apporté reste à étudier de manière plus approfondie, notamment au regard de l'implication de la dysferline dans le développement des tubules-T, ce vecteur pourrait constituer un vecteur de thérapie génique pour les patients atteints de dysferlinopathies. Toutefois, il existe des risques liés à l'immunogénicité de la protéine nouvellement exprimée et de l'injection d'AAV. En effet, même si les muscles squelettiques n'expriment pas de molécules du complexe majeur d'histocompatibilité (CMH) en condition physiologique, (Karpati et al., 1988), il a cependant été montré, que la cellule musculaire *in vitro* et *in vivo* en contexte inflammatoire, exprime les molécules du CMH de classe I et II (Dalakas, 1993; Emslie-Smith et al., 1989). Les cellules musculaires peuvent donc présenter, en condition inflammatoire, des peptides antigéniques aux lymphocytes T CD4. Cependant, le risque d'immunoréactivité de notre transgène est certainement plus faible que lors du transfert d'autres gènes, car les protéines de la famille des ferlines ont un fort pourcentage d'homologie. Malgré tout, il est primordial, avant de passer à des essais cliniques, de rechercher dans le sang de l'animal traité, la présence d'immunoglobuline dirigée contre la minidysferline et de rechercher la présence de cellules T cytotoxiques spécifiques à la dysferline. Ces expériences n'ont pas encore été réalisées mais elles sont très sérieusement envisagées notamment avant d'utiliser ce vecteur dans un essai clinique. Récemment, une autre stratégie de transfert de gène pour les dysferlinopathies a été testée. Elle consiste en une concatémérisation de deux vecteurs AAVs, qui une fois dans le noyau de la cellule hôte, va permettre la synthèse d'une dysferline entière (Lostal et al., 2010). Toutefois cette approche dans l'état actuel des choses, a moins de chance de déboucher sur un essai thérapeutique. Ceci s'explique pour deux raisons : 1) on ne sait pas encore produire en quantité et qualité suffisante (norme GMP ou Good Manufacturing Practice), les vecteurs AAV pour un traitement chez l'homme et à plus forte raison pour deux vecteurs (Blouin et al., 2004), 2) la quantité de dysferline reconstituée est faible. Elle pourrait donc ne pas suffire pour contrer la dystrophie, notamment chez l'Homme.

2.2   SAUT D'EXON :

L'observation clinique et le diagnostic précis des pathologies peuvent donc servir de preuve de principe quant aux développements de stratégies thérapeutiques. C'est ainsi que grâce aux informations obtenues sur la minidysferline et aux travaux de l'équipe de recherche clinique et fondamentale du Dr. M. Sinnreich (Sinnreich et al., 2006), nous avons développé une stratégie thérapeutique basée sur le saut d'exon. J'ai joint cet article en annexe puisqu'il a été le point de départ de notre stratégie par saut d'exon.

2.2.1 UNE CIBLE PARTICULIERE : L'EXON 32

Résultats publiés dans l'article 4 -Hum Mutat. 2010 Feb;31(2):136-42.- Efficient bypass of mutations in dysferlin deficient patient cells by antisense-induced exon skipping.
*Résultats publiés dans l'article 5 -Eur J Hum Genet. 2010 Sep;18(9):969-70; author reply 971-*Therapeutic exon 'switching' for dysferlinopathies?

En 2006, en étudiant une famille dans laquelle plusieurs membres étaient atteints de dysferlinopathies, l'équipe du Dr. Michael Sinnreich de l'Institut neurologique de Montréal a constaté que la mère de deux filles sévèrement atteintes, était elle-même porteuse de deux mutations dans le gène de la dysferline. Or à l'âge de 70 ans, cette patiente était toujours capable de se déplacer sans recourir à l'usage d'une canne. Parmi les deux mutations détectées chez cette patiente, une anomalie dans le site de branchement du lasso de l'intro 31 a été mise en évidence. Au niveau transcriptionnel, cette mutation entraînait la délétion de l'exon 32 lors de l'épissage du pré-ARNm. Etant donné que l'absence de l'exon 32 ne décale pas le cadre de lecture de la protéine, une protéine (que nous appellerons quasi-dysferline) était produite dans les muscles de cette « patiente » (Sinnreich et al., 2006). L'identification de cette quasi-dysferline chez une patiente sans phénotype apparent, souligne également le caractère dispensable de certains domaines de la dysferline.

Sur la base de ces résultats, nous avons décidé de développer une stratégie par saut d'exon en ciblant, dans un premier temps, l'exon 32. En collaboration avec Luis Garcia (Institut de Myologie, Paris, France), nous avons développé deux méthodes permettant de forcer le saut de l'exon 32 : soit par transfection d'oligonucléotides antisens soit en utilisant un vecteur capable d'exprimer ces molécules antisens. Afin de sélectionner la/les molécules capables d'induire le saut de l'exon 32, nous avons réalisé des expériences sur des myoblastes de sujets témoins:

- Sélection des oligonucléotides antisens : 3 AONs différents ciblant diverses régions ont été utilisés (le site de branchement (-38-32), un ESE présent dans l'exon 32 (+3+23) et un deuxième ESE (+26+47)) (Article 4 Figure 1b). Après transfection de ces AONs et extraction des ARNm de myoblastes de sujets témoins, les résultats obtenus après PCR ont montré que seuls les AONs ciblant les régions +3+23 et +26+47 étaient capables de forcer le saut de l'exon 32 (Article 4 Figure 2a).

- Sélection des lentivirus exprimant des AONs. Un des avantages de l'utilisation des lentivirus est qu'ils ont la faculté de s'intégrer dans le génome. Ils s'expriment donc constitutivement, permettant ainsi d'éviter, la réitération des injections des molécules thérapeutiques. Toutefois l'utilisation de lentivirus, comme nous l'avons précédemment vu, présente un certain nombre de risques notamment liés à leur capacité d'intégration. Afin de contourner cette difficulté, nous avons décidé de construire ces lentivirus dans l'optique, à terme, de modifier des cellules AC133+ autologues de patient. Ainsi *in vitro*, nous pourrons vérifier où le transgène s'est inséré. Ces cellules AC133+ autologues seront donc capables d'exprimer les AONs et pourront être réinjectées dans le muscle du patient. Nous avons construit 4 lentivirus différents exprimant soit un AON, soit deux différents AONs disposés en tandem. De plus, afin d'améliorer le ciblage de ces molécules au niveau du

171

noyau, nous avons conjugué ces AONs à une séquence U7 qui est un petit ARN nucléaire. Celui-ci a été modifié pour lier la machinerie d'épissage et délivrer les AONs d'intérêts au niveau du noyau (sU7invSmOPT) (Goyenvalle et al., 2004; Stefanovic et al., 1995). Ainsi, après transduction des différentes constructions lentivirales dans des myoblastes témoins, deux codants respectivement soit sU7invSmOPT-AON+3+23 soit sU7invSmOPT-AON+26-47, ont permis de forcer le saut de l'exon 32 (Article 4 Figure 2b).

Nous disposions donc de 4 outils capables de forcer le saut de l'exon 32 dans des myoblastes. Cependant, comme il est difficile de disposer de biopsies musculaires de patients, nous avons décidé de travailler sur des fibroblastes capables de se transdifférencier en myoblastes (Aure et al., 2007; Chaouch et al., 2009). Ce modèle a été développé dans le laboratoire de Gillian Butler-Browne et de Vincent Mouly. Ces fibroblastes immortalisés de sujets contrôles ou de patients ont été modifiés avec un lentivirus codant le facteur de transcription myogénique, MyoD. Ces fibroblastes (FibroMyoD) sont alors capables de se transdifférencier en myoblastes puis en myotubes (Chaouch et al., 2009). Même si ce modèle ne possède pas tous les marqueurs myogéniques, son utilisation permet d'éviter de réaliser une biopsie musculaire aux patients.

Des fibroblastes de deux patients présentant des mutations à l'état hétérozygote dans l'exon 32 ont été inclus dans cette étude (Patient F1-38-1-2: hétérozygote composite c.3477C>A [exon 32, p.Tyr1159X] et c.5979dupA [exon 53, p.Glu1994ArgfsX3] ; Patient 2 : hétérozygote composite c.342-1G>A [Intron 4] et c.3516_3517delTT [exon 32, p.Ser1173X]). Sur le plan clinique, ces patients présentent tous les deux, un phénotype de MM. L'évaluation de l'efficacité de ces 4 outils a été réalisée dans les FibroMyoD de ces deux patients (Article 4 Figure 2a). Après extraction de l'ARNm et PCR, nous avons pu montrer que l'usage de nos 4 outils dans des cellules de patients permettaient de forcer le saut de l'exon 32 et ainsi de contourner l'effet pathogène de la mutation (Article 4 Figure 2b,d). Afin de s'assurer que les outils employés ne perturbaient pas les transcrits dysferline, de plus larges amplifications ont été réalisées en utilisant des amorces localisées dans l'exon 30 et dans l'exon 37 (Article 4 Figure 2c).

L'ensemble des résultats obtenus a mis en évidence la présence d'un transcrit délété de l'exon 32. Il est à noter que de manière analogue aux résultats obtenus sur les cellules contrôles, le saut d'exon induit par les deux vecteurs lentivirus semblent moins efficace (Article 4 Figure 2a,c). Toutefois, la quantification du taux de lentivirus intégrés dans les cellules n'a pas été réalisée lors de cette étude. On peut donc difficilement affirmer que ces derniers soient moins performants que les outils AONs. Enfin, parmi les AONs utilisés, l'induction du saut de l'exon 32 ne s'est pas révélée aussi efficace avec l'AON +26+47 dans les cellules du patient F1-38-1-2 (Article 4 Figure 2b). Etant donné que la région du pré-ARNm où s'hybride cet AON contient la mutation, il y a certainement une baisse d'interaction, ce qui entraîne une baisse d'efficacité du saut d'exon. Sur la base de cette observation, il nous est apparu important de construire un nouvel outil capable de forcer le saut d'exon en s'hybridant sur une région ne contenant que peu de mutations telles que, dans le cas de l'exon 32, son site donneur ou accepteur. Ces travaux ont été réalisés ultérieurement et seront abordés dans la section étude fonctionnelle de la quasi-dysferline.

Nous étions donc capables de forcer le saut de l'exon 32 chez des cellules de patients. En revanche, nous ne savions pas encore si ce transcrit delta-32, permettait la synthèse d'une protéine et si celle-ci était fonctionnelle. En raison de la forte concurrence entre les laboratoires à cette époque (2009/2010), nous avons décidé de soumettre cette étude en l'état. Elle a été publiée dans la revue Human Mutation en 2010 (Wein et al., 2010a). En effet, au même moment une autre équipe réalisait aussi des expériences de saut d'exon mais sur des myoblastes de sujets témoins. Cette équipe a ciblé les exons 19, 24, 30, 32 et 34 et a réussi à forcer le saut des exons 19, 24, 30 et 34 avec leurs AONs (Aartsma-Rus et al., 2010a). Toutefois, le saut de ces différents exons pourrait entraîner une dysferlinopathie comme le précise la table de ce même article (Aartsma-Rus et al., 2010a; De Luna et al., 2007; Therrien et al., 2006).

Cet article montrait la faisabilité technique du saut d'exon. Toutefois, cette équipe qui a également ciblé l'exon 32, n'est pas arrivée à induire le saut de cet exon. Nous avons alors comparé les séquences que les auteurs avaient utilisées afin d'éviter de choisir de nouveaux AONs dans cette région. Après comparaison, nous nous sommes aperçus que leur séquence, ciblant l'exon 32, était en réalité dirigée contre l'exon 34. Par contre parmi les AONs utilisaient pour forcer le saut de l'exon 34, l'un d'eux ressemblait très fortement à un de nos AON (+3+23) qui lui induisait

174

le saut de l'exon 32. Surpris, nous avons donc transfecté leur AON dans des FibroMyoD de témoins et du patient F1-38-1-2 et avons montré expérimentalement que cet AON était capable de forcer le saut de l'exon 32 avec une bonne efficacité (Article 5 Figure 1). Ces résultats ont abouti à une publication sous format de lettre à l'éditeur (Levy et al., 2010). D'autres erreurs ont aussi été révélées, notamment la représentation graphique erronée qui est à la base de la stratégie de saut d'exon. Elle pourrait induire une confusion chez les patients au moment de prendre la décision de participer à d'éventuels essais cliniques. Les auteurs de ce papiers ont dû, par conséquent, publier un erratum (Aartsma-Rus et al., 2010b) et répondre à notre lettre (Aartsma-Rus and van der Maarel, 2010).

Nos expériences constituent donc une preuve de la faisabilité et de l'intérêt d'une stratégie par saut d'exon dans les dysferlinopathies. A ce jour, selon la base de données de Leiden et UMD-*DYSF*, 11 différentes mutations pathogènes ont été rapportées dans l'exon 32, ce qui représente environ 2% des patients atteints de dysferlinopathies (Article 4 Table 1). L'ensemble de ces patients (homozygote ou hétérozygote) pourraient donc bénéficier de ce traitement puisque dans la publication de l'équipe de M. Sinnreich, la mère des deux patientes est porteuse d'une autre mutation. Pourtant cette personne est asymptomatique.

2.2.2 L'ETUDE FONCTIONNELLE DE LA « QUASI-DYSFERLINE »

Nous disposions donc de quatre outils capables de forcer le saut de l'exon 32. Toutefois nous ne savions pas si ce transcrit permettait la synthèse d'une protéine, ni même si celle-ci était fonctionnelle. Cependant dans l'étude menée par Sinnreich et ses collaborateurs, les auteurs ont mis en évidence, chez la patiente présentant un phénotype très modéré, la production d'une « quasi-dysferline ». Il semble qu'au vu du phénotype très modéré voire nul de la patiente, cette protéine dispose de toutes les fonctions de la dysferline. Néanmoins cette hypothèse restait à être vérifiée.

Comme évoqué précédemment, un de nos objectifs était, avant de tester la présence et la fonctionnalité de la quasi-dysferline, de faire fabriquer un nouvel AON ciblant une région où très peu de mutation avait été répertoriée. Après des analyses bioinformatique, deux nouvelles séquences furent choisies ciblant respectivement le site accepteur (-17+2) (AON E) et le site donneur (AON +63-6 ou AOND) (Figure 27a).

Ces deux séquences nouveaux AONs furent transfectées dans des fibroblastes de patients transdifférenciés en myotubes et après extraction de l'ARN, nous avons pu mettre en évidence, la présence d'un transcrit délété de l'exon 32 dans les cellules transfectées avec l'AON +63-6 (AON D). Il est également à noter que l'AON +63-6 est capable de forcer le saut de l'exon 32 avec une efficacité de 75% (environ 55% pour les AONs +3+23 et +26+47) (Figure 27b,c). Compte tenu de ces diverses efficacités, seuls les AONs « +3+23 » (AON B) et « +63-6 » (AON D) ont été utilisés dans la suite de cette étude.

Afin de vérifier si le transcrit délété de l'exon 32 permettait la synthèse d'une protéine stable, des immunofluorescences ont été réalisées après traitement sur les cellules du patient F1-38-1-2. Afin de vérifier l'existence de cette quasi-dysferline et de la localiser, des expériences d'immunomarquage ont été effectuées sur des fibroblastes de patients traités soit par transduction des lentivirus, soit par transfection d'AON seul. Ces expériences semblent montrer la présence d'une protéine localisée aussi bien dans le cytoplasme qu'au niveau de la membrane plasmique des cellules traitées, notamment lors de l'utilisation de l'AON+63-6 en accord avec les résultats préalablement obtenus (Figure 28)

Après traitement, le contournement par saut d'exon de la mutation localisée dans l'exon 32, permet donc la production d'un transcrit délété de l'exon 32 permettant la synthèse d'une protéine localisée au niveau de la membrane plasmique des cellules de patients. Au vue de ces résultats ils nous semblaient intéressants de tester l'implication de cette protéine dans deux des fonctions décrites de la dysferline : la réparation membranaire et la fusion des myoblastes en myotubes. Ainsi, le protocole du test de réparation membranaire sur fibre isolé a été adpaté pour une utilisation sur des cellules humaines en culture afin de tester l'implication de la quasi-dysferline dans ce processus. Nous avons pu ainsi mettre en évidence que, les cellules de patients, après traitement par les lentivirus ou par AON seul, étaient plus aptes à réparer les membranes. Il est à noter qu'en accord avec les résultats précédents, le traitement avec l'AON +63-6 (AON D) est plus efficace à induire le saut de l'exon, et donc permet une meilleure restauration du processus de réparation membranaire (Figure 29b,c).

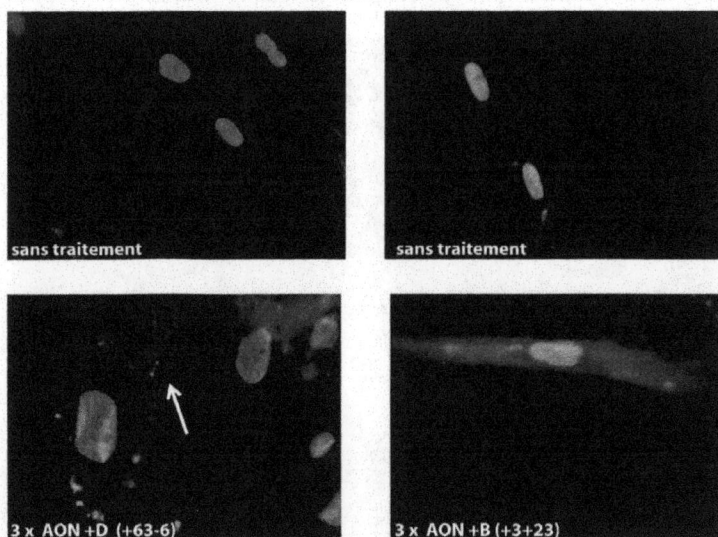

FibroMyoD de F1-38-1-2

Figure 28 : Expression de la quasi-dysferline.
Analyse par immunofluorescence de la quasi-dysferline dans des myoblastes dérivés de fibro-blastes (FibroMyoD). Dans les myotubes du patient F1-38-1-2, aucun marquage n'est observé, tandis qu'après le traitement avec les AONs, une protéine est retrouvée à la fois au niveau de la membrane et dans des compartiments intracellulaires des myotubes traités du patient F1-38-1-2. De la même façon qu'en RT-PCR, il semble que l'AON D (+63-6) est plus efficace à induire l'expression de la quasi-dysferline dans les myotubes de ce patient.

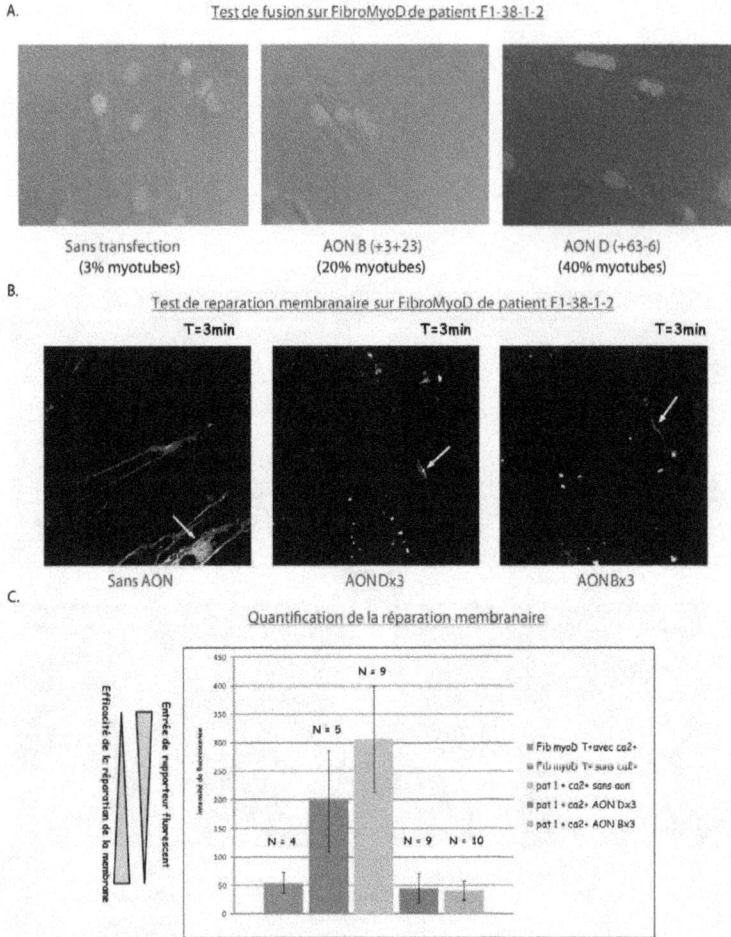

A.

Test de fusion sur FibroMyoD de patient F1-38-1-2

| Sans transfection | AON B (+3+23) | AON D (+63-6) |
| (3% myotubes) | (20% myotubes) | (40% myotubes) |

B.

Test de reparation membranaire sur FibroMyoD de patient F1-38-1-2

T=3min   T=3min   T=3min

| Sans AON | AON Dx3 | AON Bx3 |

C.

Quantification de la réparation membranaire

Efficacité de la réparation de la membrane

Entrée de reporteur fluorescent

N = 9

N = 5

N = 4   N = 9   N = 10

- Fib myoD T+avec ca2+
- Fib myoD T+ sans ca2+
- pat 1 + ca2+ sans aon
- pat 1 + ca2+ AON Dx3
- pat 1 + ca2+ AON Bx3

Figure 29 - Fonctionnalité de la quasi-dysferline
A. Test de fusion membranaire : des fibroblastes du patient F1-38-1-2 (pat1) ont été induit en différentiation avec ou sans AON. En absence de traitement (panneau de gauche), les fibroblastes du patient forment très peu de myotubes(3%) après 10 jours de différenciation. Après traitement (panneau central et droit), le nombre de myotubes formés est considérablement augmenté, notamment après traitement avec AON D (panneau droite), confirmant les résultats préalablement obtenus en RT-PCR et IF. B. Illustration du test de réparation membranaire : capture d'écran réalisée 3min après lésion. Les cellules non-traitées (panneau de gauche), présentent une fluorescence bien plus importante que les cellules traitées (panneau central et droit). C. Quantification de l'entrée de la sonde fluorescente : Chez les cellules de témoin, il y a une entrée massive de la sonde fluorescente en absence de calcium, contrairement aux cellules témoins en présence de calcium. En absence de traitement, il y a une entrée massive de la sonde dans les cellules du patient F1-38-1-2. Par contre après traitement par l'AON D ou B, la pénétration de la sonde dans le myotube est diminuée, suggérant une amélioration du processus de réparation membranaire. FibroMyoD : fibroblastes MyoD transdifférenciés en myoblastes ; AON : antisens oligonucléotide ; T : temps ; N : nombre de myotubes.

Nous avons également développé un test de fusion puisque la dysferline a été montrée comme impliquée dans la fusion des myoblastes avec des myotubes. En effet, dans nos cultures, les myotubes sont moins nombreux en son absence (de Luna et al., 2006; Doherty et al., 2005). Ce test consiste à regarder l'influence du traitement sur le nombre de myotubes formés. Seuls les myotubes possèdant au moins deux noyaux ont été comptés. Nous avons ainsi pu montrer qu'après 10 jours de différenciation, les cellules traitées avec les lentivirus ou les AON seuls, étaient plus aptes à former des myotubes (3% de myotubes formés pour les cellules non-traitées vs 40% pour les cellules traitées avec l'AON +63-6) (Figure 29a). L'ensemble de ces résultats démontre que même chez des patients possèdant deux mutations pathogènes, dont une incluse dans l'exon 32, le saut de l'exon 32 permet la synthèse d'une quasi-dysferline. Cette protéine est impliquée dans le processus de réparation membranaire et augmente le nombre de myotubes formés, deux des fonctions décrites de la dysferline. Il serait intéressant de disposer des cellules d'un patient porteur de mutation à l'état homozygote dans l'exon 32 afin de tester le traitement et voir si l'efficacité est plus importante.

Ces résultats soulèvent une question importante : Le caractère facultatif du domaine C2D ? Le domaine C2D est codé par les exons 31 à 34 et comporte 7 feuillets béta. L'exon 32 code, quand à lui, 26 aa du domaine C2D dont son premier feuillet béta. Il paraît très probable que l'absence de ce premier feuillet béta destructure entièrement la conformation du domaine C2D, le rendant ainsi non fonctionnel. Il serait très intéressant de prouver cette hypothèse car, si elle s'avère exacte, on

180

pourrait étendre le saut aux 4 exons (31 à 34, leurs absences ne décalant pas le cadre de lecture) codant le domaine C2D. Malgré l'absence de hot spot mutationnel dans les dysferlinopathies, 2% des patients sont porteurs de mutation dans l'exon 32. L'extension du saut d'exon aux exons 31 à 34 permettrait d'élargir le nombre de patients éligibles pour un essai thérapeutique à presque 6% des patients.

Ces résultats très encourageants constituent la première preuve de faisabilité thérapeutique et de gain apporté par le saut d'exon dans les dysferlinopathies. Pourtant avant de passer à des essais cliniques, il convient de vérifier si la quasi-dysferline participe aux autres fonctions de la dysferline, dont notamment la formation et l'organisation des tubules-T (Huang et al., 2007; Klinge et al., 2010b). Comme il n'existe à ce jour que peu de modèles cellulaires permettant d'observer la formation de tubule-T, nous essayons de construire un modèle murin porteur d'une mutation non-sens à l'état homozygote dans l'exon 32. Ce modèle nous permettra ainsi de tester, si une fois traitée, la souris présente moins de signes dystrophiques et d'inflammation. Elle devrait également retrouver, suite à ce traitement, une orgnaisation correcte des tubules-T. D'ici un an, après la caractérisation de ce nouveau modèle murin, nous devrions pouvoir traiter les souris. Cela permettra également de tester la fonctionnalité du domaine C2D. Si l'hypothèse selon laquelle le domaine C2D n'est plus fonctionnel en absence de son premier feuillet béta et si les souris ne développent pas de signes dystrophiques après traitement, nous pourrions alors envisager de faire le saut des exons codant le domaine C2D.

DISCUSSION GENERALE et PERSPECTIVES

1. Mise en place et exploration de nouvelles stratégies thérapeutiques

2. Etude Fonctionnelle

3. Approches thérapeutiques

– DISCUSSION GENERALE

ET PERSPECTIVES -

1 LE DIAGNOSTIC :

1.1 CYTOMETRIE DE FLUX

1.1.1 AMELIORATION DE LA CYTOMETRIE DE FLUX SUR SANG TOTAL

Comme décrit précédemment, l'utilisation de l'anticorps NCL-Hamlet1 permet en WBFC de détecter la présence ou l'absence de la dysferline dans les échantillons sanguins de sujets contrôle et de patients, sans toutefois permettre la quantification précise du taux de dysferline. Le WBFC permet le dépistage rapide de l'expression de la dysferline et peut être utilisé dans une étape de diagnostic pré-moléculaire. En effet, si le signal obtenu est positif, il faut obligatoirement rechercher l'absence de dysferline par WB. Pour les raisons évoquées précédemment, il semble que le manque de spécificité de l'anticorps NCL-Hamlet1 (cf. annexe « nécessité d'un nouvel anticorps »), le besoin de perméabiliser les cellules pour atteindre l'épitope et la nécessité d'utiliser un anticorps secondaire couplé à un fluorochrome pour révéler l'anticorps NCL-Hamlet1, soient responsables de ce manque de sensibilité.

Récemment, un nouvel anticorps dirigé contre la partie extracellulaire de la dysferline a été mis au point par la société Epitomics®. Cet anticorps, qui semble avoir été testé en cytométrie en flux comme il est précisé dans la notice, présente deux avantages: (i) l'anticorps reconnait un motif extracellulaire, ce qui permet d'éviter de perméabiliser les cellules diminuant ainsi le bruit de fond ; (ii) cet anticorps, de la même manière, ne reconnaît que la dysferline présente à la membrane plasmique. Il ne peut donc pas reconnaître les dysferlines tronquées et/ou séquestrées qui pourraient être produites chez certains patients augmentant ainsi le rapport signal/bruit. De plus, lors de l'utilisation de stratégies thérapeutiques telles que le saut d'exon, cet anticorps ne reconnaitrait que les protéines fonctionnelles présentes à la membrane du monocyte.

1.2 CGH ET CAPTURE DE SEQUENCE

Comme nous l'avons vu précedemment, le développement des technologies CGH permet maintenant la recherche de délétions/duplications qui sont des mutations non recherchées en première intention dans les stratégies diagnostiques de routine des dysferlinopathies. Leurs utilisations facilitent le diagnostic puisqu'elles permettent d'analyser des loci entiers (intron, exon, 5'UTR et 3'UTR) et favorisent la recherche de réarrangements chez plusieurs patients (Kousoulidou et al., 2007; Lugtenberg et al., 2006; Saillour et al., 2008). Cette technologie présente donc des avantages indéniables par rapport aux autres stratégies de diagnostic telles la MLPA™ et la QMPSF

(Quantitative Multiplex PCR of Short Fragments). Elle sera donc prochainement applicable en diagnostic de routine.

Etant donné que ce type de puce n'a pour objectif que de repérer les remaniements, nous avons décidé de développer et de tester une nouvelle méthode permettant l'identification de mutations ponctuelles et de micro-réarrangements, grâce au séquençage haut débit. Des puces de « sequence capture » permettent de capturer des fragments d'ADN, grâce à des matrices de sondes ADN que nous avons préalablement choisies (Cheng et al., 2010; Choi et al., 2009; Hoppman-Chaney et al., 2010) (Figure 30). En contenant de très nombreuses sondes, les puces de captures deviennent très intéressantes pour le diagnostic des grands gènes, notamment par la réduction des coûts de manipulation. La spécificité accrue et la facilité d'obtention des amplicons puisque ceux-ci sont obtenus par amplification clonale à partir d'adaptateurs fixés sur les fragments d'ADN capturés sur la puce, ajoutent un intérêt supplémentaire à l'utilisation de ces puces. De plus, cette technologie à haut débit permet même le séquencage des introns. Ces amplicons d'ADN capturés et amplifiés sont ensuite séquencés grâce à un séquenceur à haut débit (SOLiD) (Metzker, 2010). Une première puce est en cours d'étude dans l'équipe et les premiers résultats obtenus semblent prometteur.

En conclusion, les techniques d'analyse des remaniements génomiques et de recherche de mutations bénéficient d'avancées techniques fulgurantes qui concernent aussi bien le diagnostic de routine que la recherche fondamentale. Toutefois, cette évolution pose de nouvelles questions. En effet, mis à part les problèmes de bioéthique que soulèvent ces performances technologiques, il est important de garder à l'esprit que ces technologies vont permettre l'identification de nombreux variants que nous ne serons pas interprétés. Sont-elles pathogènes ou sont-elles de simples variants polymorphes ?

2 FONCTIONNALITE DE LA DYSFERLINE :

Lors de l'introduction, nous avons vu que la dysferline semblait impliquée dans 3 grandes fonctions : la réparation membranaire, le développement/fusion du tubule-T et les processus de régulation de l'inflammation. Dans cette section, nous essaierons de dégager un consensus des fonctions de la dysferline par rapport aux différents résultats obtenus et aux données de la littérature. Nous évoquerons notamment de l'implication de la dysferline dans la formation des tubules-T et dans la réparation membranaire. Enfin, nous discuterons de la contribution du phénomène inflammatoire dans l'évolution de la pathologie.

2.1 IMPLICATION DE LA DYSFERLINE DANS L'HOMEOSTASIE DU TUBULE-T

Les tubules-T sont un vaste compartiment membranaire interne qui pénètre dans les fibres musculaires et qui permettent le couplage excitation-contraction à proximité du SR (Figure 31).

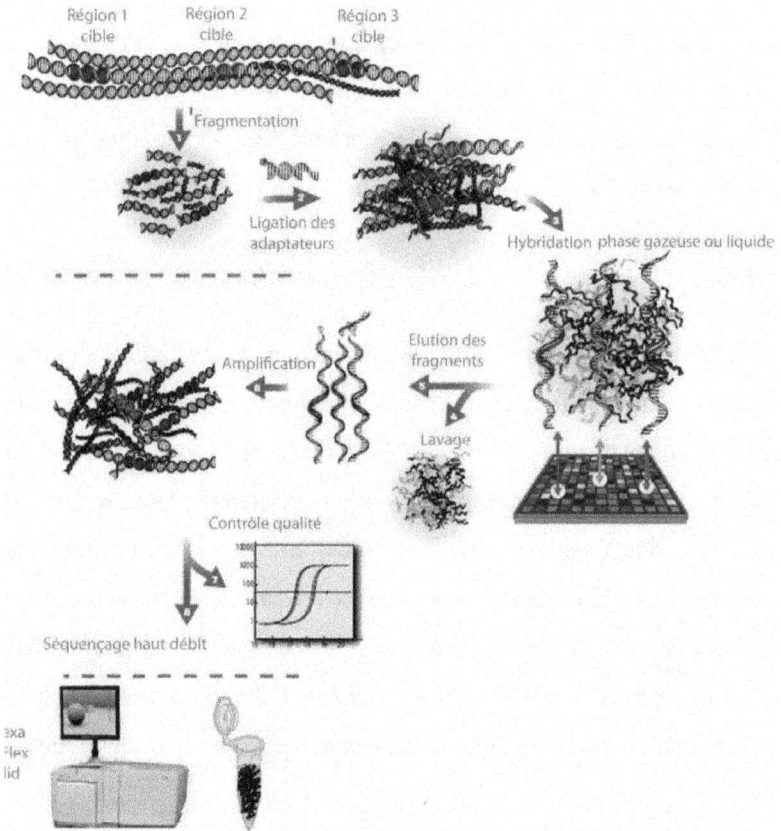

Figure 30 - Capture de séquence et pricipe du pyroséquençage à haut-débit.
A. Principe de la capture de séquence : 1- réprésentation des 3 régions cibles à séquencer et fragmentation de l'ADN ; 2- Ligation des ADNs fragmentés avec les adaptateurs ; 3- Hybridation des ADNs sur la puce contenant les sondes d'intérêts ; 4- Lavage des fragments non hybridés ; 5- Elution des fragments d'intérêts ; 6- Amplification des ADNs d'intérêts ; 7- Etape de contrôle qualité et 8- étape de pyroséquencage.

adaptation doi:10.1186/gb-2007-8-6-217

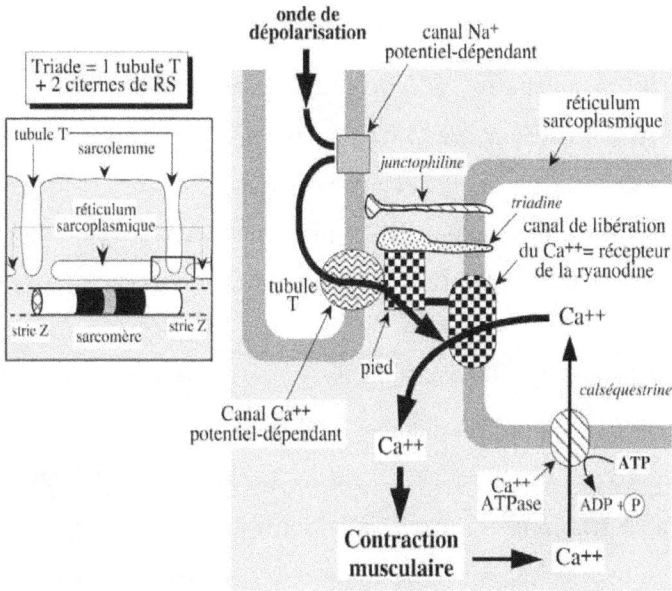

Figure 31 - la fibre musculaire et le processus de contraction
Schéma de la contraction musculaire après libération par la jonction neuromusculaire, de l'acétylcholine : une onde de dépolarisation se propage sur le sarcolemme, jusqu'au fond des tubules T provoquant un changement de conformation du canal Ca 2+ potentiel-dépendant. Celui-ci induit le changement de conformation du récepteur à la ryanodine qui provoque la libération de Ca 2+. Cette libération va induire indirectement le glissement des filaments d'actine sur les filaments de myosine, provoquant le raccourcissement du sarcomère et donc la contraction musculaire.   *(d'après Cau Pierre, cours de biologie cellulaire, 4e édition, Ellipse 2009.)*

Les tubules-T sont également impliqués dans la génération de vésicules, l'allongement de la membrane plasmique lors de la régénération des myotubes et jouent un rôle dans la réparation de la fibre musculaire (Di Maio et al., 2007; Evesson et al., 2010; Mistry et al., 2009; Parton et al., 1997). Leurs formations requièrent des mécanismes complexes de fusion de membranes, tels que la fusion des invaginations tubulaires de la membrane plasmique (également appelées pTT pour precursor Tubule-T) et la fusion des invaginations tubulaires longitudinales.

Chez les mammifères, les myoblastes cardiaques et squelettiques présentent, précocement, des SR au cours de l'embryogenèse, mais la biogenèse des tubules-T et la formation des triades sont des événements qui surviennent relativement tardivement. Plusieurs mécanismes de formation des tubules-T ont été proposés et sont résumés sur la figure 32.

Généralement, la première étape de développement des tubules-T se produit lorsqu'il y a prolifération des cavéoles et formation de plusieurs complexes cavéolaires auxquels les tubules-T sont clairement connectés. Ceci conduit à l'hypothèse que la formation des cavéoles est une étape nécessaire dans l'invagination des tubules-T. Cela souligne aussi le rôle essentiel que jouent la cavéoline 3 et l'amphiphysine-2 dans ce processus en favorisant la courbure de la membrane (Evesson et al., ; Howes et al., 2010; Parton et al., 1997; Schieber et al., 2010). Depuis que les cavéoles sont connues pour être des structures périphériques associées à la membrane plasmique, la tubulation des tubules-T a été envisagée comme une invagination de la membrane plasmique se prolongeant vers le centre de la cellule musculaire (Figure 32).

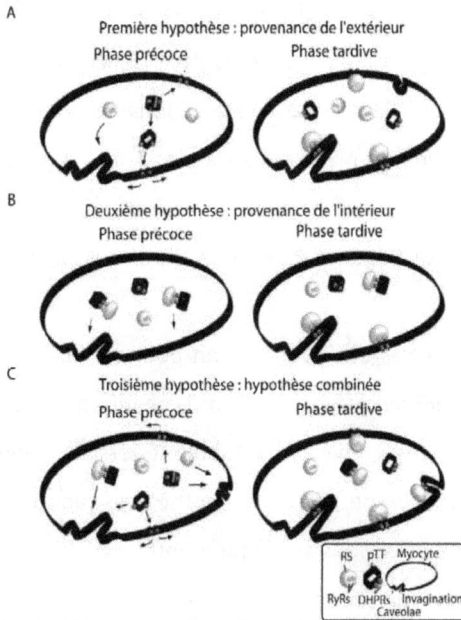

Figure 32 - Formation des tubules T.
A. Hypothèse du flux de membranes et de molécules provenant de la périphérie et des cavéoles. Pendant la période post-natale, le tubule T naissant commence à se former au niveau de région membranaire riche en cavéoline par regroupement et invagination. En parallèle, le DHPRs est assemblé au niveau de l'appareil de Golgi et dirigé à la membrane plasmique grâce à des vésicules. Les vésicules DHPR positives s'associeraient au réticulum sarcoplasmi-que pour former un complexe excitateur. Les vésicules SR portant le RyR et le DHPR se fixeraient à la membrane plas-mique au niveau du futur tubule T mature, permettant ainsi l'allongement du tubule T et formant le complexe tubule T CRU et donc à la formation de la triade.
B. Hypothèse du flux de protéines provenant de l'intérieur de la cellule. Des vésicules RyR et des vésicules DHPR fusionneraient les unes aux autres en complexe. Les vésicules contenant le DHPR fusionneraient alors soit avec la membrane plasmique soit directement avec le tubule T pour promouvoir l'allongement du tubule T et finalement former les triades puisque des vésicules SR et RyR positive sont localisées dans le centre de la fibre musculaire. Toute-fois, si cette hypothèse est la bonne, les vésicules RyR-DHPR doivent préalablement fusionner entre elles et donc avoir une durée de vie très courte. Cette hypothèse est peu probable puisqu'on peut observer ce type de vésicules dans la fibre musculaire en formation.
C. Hypothèse combinée. Cette dernière se déroulerait comme pour la première hypothèse. Cependant, il y a une grande probabilité qu'une partie des vésicules RyR et DHPR fusionnent les unes aux autres avant d'atteindre la mem-brane plasmique et/ou le tubule T naissant et plus tardivement le tubule T, tel que décrit dans le second modèle.

RS : réticulum sarcoplasmique ; RyRs : Récepteurs à la ryanodine ; pTT: Précurseur des tubules T ; DHPRs : Récepteurs aux dihy-dropyridines

(d'après J Muscle Res Cell Motil (2007) 28:231-241)

Récemment il a été suggéré que la dysferline est impliquée dans le développement/organisation des tubules-T puisque lorsqu'elle est absente, les tubules-T sont mal formés. Cette mauvaise organisation a également été observée chez les souris cav3 déficientes (Galbiati et al., 2001; Klinge et al., 2010b). Ces observations sont soutenues par la présence de dysferline au niveau des tubules-T lors des stades précoces du développement embryonnaire (Doherty et al., 2005) et lors des événements de lésion/régénération de la fibre musculaire (Klinge et al., 2007).

En se basant sur ces observations, on pourrait formuler l'hypothèse suivante : « la dysferline joue un rôle dans l'organisation du tubule-T et sa présence est requise au niveau du tubule T lors des phénomènes de réparation de la membrane. ». Cette hypothèse est appuyée par certains de nos résultats. En effet nous avons pu montré que, bien principalement localisée au niveau de la membrane plasmique, la dysferline et la minidysferline sont localisées au niveau du tubule-T dans des fibres musculaires de souris déficientes en dysferline (Krahn, Wein, Bartoli et al., 2010). Ces expériences m'ont permis de penser que la dysferline, une fois synthétisée, s'associe aux tubules-T et se faisant, permettrait à la membrane plasmique d'être plus élastique. En effet, lors des contractions musculaires ou de lésions du sarcolemme, le tubule-T pourrait remonter vers le sarcolemme ce qui permettrait, à la fois un arrêt de la propagation du potentiel d'action et un arrêt local de la contraction, préservant ainsi le sarcolemme localement. De plus, afin de faciliter la réparation de la membrane, la remontée du tubule-T permettrait de diminuer les tensions exercées sur le sarcolemme lésé et favoriserait aussi le rapprochement des membranes en facilitant, d'un point de vue énergétique, la réparation par flux lipidiques (Figure 33).

En l'absence de dysferline et étant donné que le tubule-T est mal formé/organisé, la membrane plasmique serait moins capable de supporter les lésions membranaires, même si des mécanismes compensatoires pourraient effectuer la réparation de ces lésions (Roche et al., 2010). Néanmoins ce mécanisme serait plus long. Au final, la fibre restant ouverte plus longtemps, l'entrée massive de calcium déclencherait la mort de la fibre musculaire (Figure 34).

On peut également penser que le tubule-T constitue une source de vésicules nécessaires à la fermeture de la lésion. Cet amas de vésicules proches des sites de rupture permettrait soit de participer à la fermeture de la lésion ou soit de former un vortex capable à la fois de diminuer les tensions sur le sarcolemme et de rapprocher les bords de la lésion (Figure 34). Afin de vérifier cette hypothèse, il serait intéressant de réaliser des marquages sur les vésicules accumulées sous la membrane des fibres de patients à l'aide de marqueurs du tubule-T tels que la cavéoline-3 ou l'amphiphysine-2, qui sont deux protéines partenaires de la dysferline (Klinge et al., 2010b; Matsuda et al., 2001).

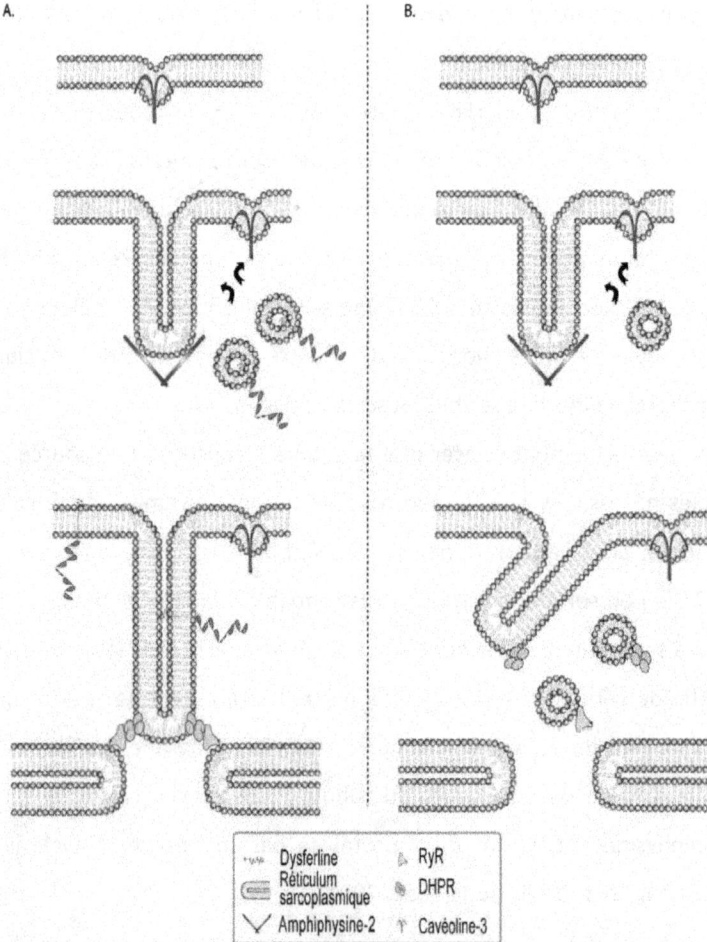

Figure 33 - Rôle putatif de la dysferline dans la formation/organisation des tubules-T.
A. En présence de dysferline : a- présence d'invagination riche en cavéoline-3 au niveau du sarcolemme. b- Tubulation du tubule-T grâce à l'amphiphysine-2 et allongement du tubule-T grâce à des vésicules dysferline positive qui viennent soit directement fusionner avec le tubule-T, soit fusionner au niveau des cavéoles. c- Organisation du tubule-T mature et formation des triades.
B. En absence de dysferline, le tubule-T s'allonge difficilement, ce qui entraine par conséquence une mauvaise organisation des triades.

En résumé, je pense que ces hypothèses ne sont pas exclusives. En effet, le tubule-T pourrait jouer à la fois le rôle de :

- réservoir à vésicules qui permettrait la fermeture de la lésion soit par fusion (rustine) soit par rapprochement des lipides (anneau vortex)

- protection de la membrane lésée en diminuant la tension créée par la lésion permettant, par conséquent, le rapprochement des membranes.

Pour confirmer ces hypothèses, il serait indispensable de développer des modèles de culture cellulaire permettant d'atteindre un stade de différenciation du tubule-T suffisant. On pourrait imaginer de combiner la culture de myoblastes sur matrice 3D avec la co-culture de cellule permettant l'innervation de la cellule musculaire. Ces modèles amélioreraient la compréhension de la physiopathologie des dysferlinopathies et rendraient possible l'identification de nouveaux partenaires de la dysferline ainsi que de nouvelles protéines prenant part au développement des tubules-T.

2.2 ROLE HYPOTHETIQUE DE LA DYSFERLINE DANS LA REPARATION MEMBRANAIRE

Les fibres musculaires, ces grandes cellules multinucléées, subissent des contraintes mécaniques importantes qui aboutissent sans doute à l'apparition de grandes lésions, contrairement aux autres cellules (Bi et al., 1995; McNeil and Khakee, 1992; McNeil and Steinhardt, 2003; Miyake and McNeil, 1995). En effet, les tensions exercées sur sa membrane doivent être plus importantes car le muscle est régulièrement soumis à des forces contractiles importantes. Ces myotubes doivent donc posséder des mécanismes de réparation qui leurs sont propres.

Par quel processus intervient la dysferline dans cette réparation membranaire ? Comme nous l'avons vu dans l'introduction, il existe à l'heure actuelle plusieurs hypothèses concernant la réparation membranaire. Dans cette section, nous nous proposons de trouver un consensus quand au rôle de la dysferline dans ce mécanisme (Figure 34).

Plusieurs observations permettent de délimiter la participation de la dysferline dans les étapes de la réparation membranaire du muscle :

- Récemment, il a été montré que la protéine MG53 était responsable du guidage des vésicules aux sites de lésion (Cai et al., 2009a; Cai et al., 2009b; McNeil, 2009). En son absence, les vésicules peuvent arriver plus lentement au site de lésion puisque le dispositif de réparation membranaire est toujours assuré par la dysferline. Cette constation permettrait d'apporter une explication au fait que les souris déficientes en MG53 ont un phénotype beaucoup moins sévère que les souris déficientes en dysferline.

- L'affixine, l'alpha-tubuline et les autres protéines du cytosquelette permettent, même en absence de la dysferline, le transport des vésicules à la membrane, puisque celles-ci s'accumulent sous le sarcolemme des patients. Afin de vérifier ces hypothèses, il serait important (i) de regarder la cinétique et le nombre de vésicules s'accumulant sous le site de lésion; (ii) de connaitre la nature de ces vésicules. Il aurait été instructif de réaliser les co-marquages de ces protéines pour les souris ayant reçu des injections de minidysferline. Toutefois ne disposant pas de certains anticorps, je n'ai pas pu réaliser ces expériences.

- En absence de dysferline, ces vésicules ne seraient soit pas capables de fusionner entre elles pour former une rustine soit de fusionner avec le sarcolemme (Hino et al., 2009). On pourrait donc logiquement penser que la dysferline joue un rôle de fusion des vésicules avec la membrane. Cependant, il ne faut pas oublier que l'on ignore si les vésicules présentes sous la membrane sont là en réponse à une lésion.

Ils nous apparaient crucial de connaitre la nature et la provenance de ces vésicules. Ces vésicules pourraient provenir :

- Des enlargeosomes, comme nous l'avons vu dans l'introduction (Han and Campbell, 2007; Meldolesi, 2003).
- Des tubules-T, comme nous avons pu le constater précédemment (Azakir et al., 2010; Huang et al., 2007; Klinge et al., 2010b).
- Des lysosomes. Ce compartiment, qui subit une exocytose Ca^{2+} dépendante dans les fibroblastes (Jaiswal et al., 2002; Reddy et al., 2001), paraît être à l'origine de la source de vésicules nécessaire pour la réparation membranaire dans les neurones. Il n'existe aucune preuve de l'implication des lysosomes dans la

réparation du sarcolemme. Les données de la littérature indiquent que des événements d'exocytose calcium dépendante des endosomes tardifs/lysosomes, se produisent dans des myoblastes murins (C2C12) ce qui permettrait la réparation des membranes (McNeil, 2002). Cette cinétique d'exocytose des lysosomes est compatible avec une réparation rapide. Toutefois, il a été montré que l'utilisation de la toxine botulique E, qui clive SNAP23, protéine interagissant avec la synaptotagmine VII, ne perturbe pas la réparation de cellules C2C12 (Rao et al., 2004). De la même façon, lorsque le monocyte est soumis à une contrainte mécanique ou à une électroporation (qui conduit à des lésions membranaires), il endocyte des vésicules qui sont positives pour la dysferline (résultats non publiés). Ces vésicules sont positives seulement pour la cavéoline 1, et non pas pour Lamp-1 (un marqueur des lysosomes). Cette situation rappelle celle déjà constatée dans le muscle squelettique (Hernandez-Deviez et al., 2006). De même, d'autres travaux ont également prouvé qu'il n'y avait pas ou peu de colocalisation entre les vésicules dysferline positives et lamp-1 (Lennon et al., 2003). Les vésicules dysferline positive semblent, par conséquent, ne pas provenir de ce compartiment.

A mon sens, il semble que la combinaison enlargeosomes et vésicules en provenance des tubules-T est très probablement la composante essentielle à la réparation des lésions.

En absence de dysferline, les vésicules s'accumuleraient sans pouvoir fusionner entre elles. On pourrait supposer que d'autres mécanismes de réparation se mettent en place, mais compte tenu de la largeur des lésions, ils ne permettraient pas de refermer la lésion suffisament rapidement. Par conséquence, même si la lésion est finalement réparée, l'entrée massive de calcium induirait la mort de la cellule musculaire (Kitsis and Molkentin, 2010; Millay et al., 2009a; Millay et al., 2009b; Millay et al., 2008).

Quels sont les outils à notre disposition pour analyser la fonction des différents acteurs moléculaires ? Le test de réparation de Paul McNeil est un bon modèle mais il ne permet pas de reproduire les phénomènes naturelles (McNeil et al., 2003). En effet, dans ce test, la lésion est induite par un échauffement local de la membrane, qui pourrait toucher le cytosquelette juxta-membranaire. Or dans la nature, la lésion est causée par une force de tension/contraction musculaire. Il serait donc intéressant d'adapter certaines techniques, telles que l'aspiration calibrée déjà utilisée *in vitro* sur les fibroblastes à des myotubes suffisamment différenciés (avec présence de tubules-T). Ces tests permettraient d'exercer, grâce à une micropipette calibrée, une certaine tension sur la membrane. L'ensemble de ces tests aidera à préciser le rôle de la dysferline dans la réparation membranaire s'ils s'avèrent réalisables être sur des fibres musculaires.

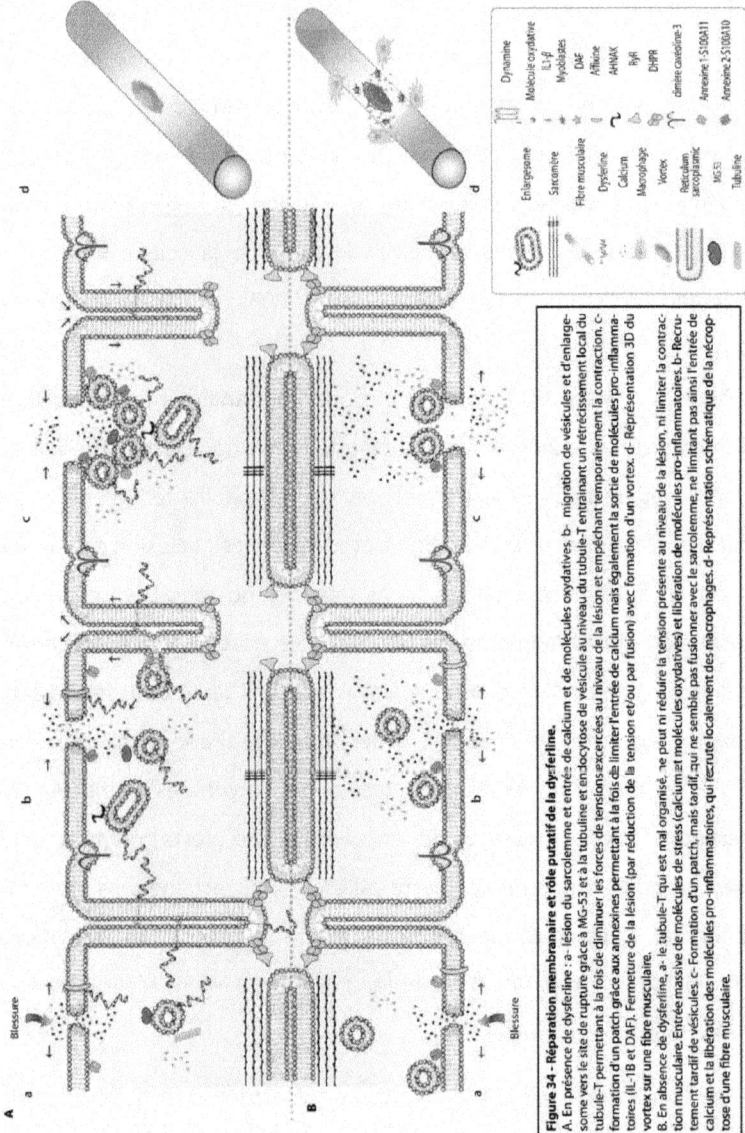

Figure 34 - Réparation membranaire et rôle putatif de la dysferline.

A. En présence de dysferline : a- lésion du sarcolemme et entrée de calcium et de molécules oxydatives. b- migration de vésicules et d'enlargesome vers le site de rupture grâce à MG-53 et à la tubuline et endocytose de vésicule au niveau du tubule-T entraînant un rétrécissement local du tubule-T permettant à la fois de diminuer les forces de tensions exercées au niveau de la lésion et empêchant temporairement la contraction. c- formation d'un patch grâce aux annexines permettant à la fois de limiter l'entrée de calcium mais également la sortie de molécules pro-inflammatoires (IL-1B et DAF). Fermeture de la lésion (par réduction de la tension et/ou par fusion) avec formation d'un vortex. d- Représentation 3D du vortex sur une fibre musculaire.

B. En absence de dysferline, a- le tubule-T qui est mal organisé, ne peut ni réduire la tension présente au niveau de la lésion, ni limiter la contraction musculaire. Entrée massive de molécules de stress (calcium et molécules oxydatives) et libération de molécules pro-inflammatoires. b- Recrutement tardif de vésicules. c- Formation d'un patch, mais tardif, qui ne semble pas fusionner avec le sarcolemme, ne limitant pas ainsi l'entrée de calcium et la libération des molécules pro-inflammatoires, qui recrute localement des macrophages. d- Représentation schématique de la nécroptose d'une fibre musculaire.

2.3   CONSEQUENCES DE L'ABSENCE DE DYSFERLINE : NECROPTOSE ET INFLAMMATION

La présence, à la fois d'infiltrats inflammatoires dans les muscles de patients et de dysferline dans les monocytes, a permis d'émettre l'hypothèse que la dysferline pouvait être impliquée dans des phénomènes inflammatoires (Gallardo et al., 2001). Toutefois, comme il a été précisé dans l'introduction, ce phénomène n'est pas la cause primaire des dysferlinopathies, mais il y a de fortes chances qu'il aggrave la pathologie (Kitsis and Molkentin, 2010; Millay et al., 2009b; Millay et al., 2008). Etant donné l'absence de dysferline, la réparation membranaire ne se fait plus ou est fortement ralentie. Il est alors possible par conséquent, qu'une entrée massive d'ions calcium dans le cytoplasme de la cellule musculaire, seraient à l'origine de la mort cellulaire (Kitsis and Molkentin, 2010; Millay et al., 2009a; Millay et al., 2009b; Millay et al., 2008). En parallèle, la lésion permet la libération de molécules qui conduisent à la formation de l'inflammasome comme nous allons le voir (McNeil, 2009) (Figure 34).

Les cellules myogéniques contiennent les composants moléculaires nécessaires à la formation d'un inflammasome. On constate que les principales protéines de l'inflammasome sont sur-exprimées dans le muscle déficient en dysferline. La nécroptose (nécrose programmée) (Lemasters et al., 2009) des myofibrilles est le résultat de l'activation de la nécrose par un excès de calcium au niveau de la mitochondrie. Les monocytes sont alors recrutés au niveau du muscle, où ils deviennent des macrophages tissulaires. Ces macrophages tissulaires activés constituent à leur tour, une source de cytokines inflammatoires. Ces dernières sont susceptibles de causer des dommages tissulaires étendus à la cellule musculaire et à son voisinage. Les résultats obtenus dans l'article de Nagaraju et al., 2008, témoignent de la présence de TLRs (Toll Like Receptor) à la surface des fibres musculaires de patients atteints de dysferlinopathies. La stimulation des TLRs permet l'assemblage du complexe inflammasome ainsi que l'activation de la voie NF-κB. Une fois activé, cette voie induit la transcription d'une série de cytokines telles que l'IL-1, un membre à part entière de l'inflammasome (Rawat et al., 2010) .

En l'absence de dysferline, il y a augmentation du trafic cellulaire dépendant de Rab27A/Slp2a, qui permet de compenser cette absence mais induit l'exocytose de molécules telles que l'ATP et d'autres signaux de danger (Covian-Nares et al., ; Kesari et al., 2008). Ces molécules « signal » se lient à leurs récepteurs cellulaires, tels que les TLRs et les récepteurs P2X7 acitvant ainsi la formation de l'inflammasome (Rawat et al., 2010; Ward et al., 2010). Il faut garder à l'esprit que bien qu'intéressants, ces résultats ont été obtenus à partir de puces d'expression. D'autres expériences sont nécessaires pour confirmer ces hypothèses au niveau biologique.

De même, dans nos approches de transfert de minigène, il aurait été intéressant d'observer si la miniprotéine apportée, permettait de réduire ces mécanismes d'inflammation. Cependant, nous avons testé l'approche transfert de gène dans un modèle déficient en dysferline, chez lequel on observe un phénomène d'inflammation très limité. Il serait donc intéressant dans l'avenir d'étudier ces phénomènes inflammatoires dans des modèles appropriés.

3   THERAPIES : AVANCEES ET PRECAUTIONS

Les avancées, dans les domaines de la thérapie génique et de la chirurgie du messager, permettent d'envisager, dans l'avenir, la possibilité d'un traitement pour les patients.

Tout d'abord, il importe de s'interroger sur des résultats et les améliorations escomptées après le traitement des patients. En effet, bien que la récupération des fonctions motrices soit notre finalité, il est peu probable que nous puissions atteindre ce but dans un avenir proche. De plus, considérant l'hétérogénéité génotypique des dysferlinopathies, il convient de préciser, qu'il n'existera pas de stratégie unique permettant de soigner ou de ralentir la progression cet ensemble de pathologies. Grâce aux études cliniques et à l'histoire naturelle des dysferlinopathies (projet international multicentrique mené par la Jain Foundation, en cours de réalisation), on pourra certainement faire ressortir des groupes de patients qui bénéficieront d'un même type de thérapie.

3.1   THERAPIE GENIQUE

3.1.1 RISQUES ASSOCIES AUX VECTEURS DE THERAPIES GENIQUES

Le transfert de gène par AAV semble une thérapie prometteuse (Aiuti et al., 2009; Cartier et al., 2009; Colle et al., 2010; Stieger et al., 2009) .

L'utilisation d'AAV permet de contourner le problème d'intégration d'un transgène dans le génome du receveur. Toutefois, on doit contrôler correctement l'expression du transgène. Un fort promoteur ubiquitaire comme le CMV pourrait conduire à des complications. Par exemple, dans le cas de la LGMD2A, l'expression de la calpaïne 3 dans des cardiomyocytes est toxique (communication AFM-Généthon). Il pourrait en être de même pour la dysferline. Une expression limitée aux fibres musculaires semble donc préférable. Cette spécificité peut être obtenue par l'utilisation de promoteurs spécifiques comme celui de la créatine kinase (MCKp, pour "Muscle Creatine Kinase promoter") ou de la desmine (Talbot et al., 2010).

Un des problèmes majeurs de ces thérapies, par transfert de gène, est le risque lié au système immunitaire. En effet, chez les patients, l'apparition de l'expression d'une nouvelle protéine, que le système immunitaire des patients ne connait pas, est suceptible d'amener un rejet, car la protéine risque d'être assimilée au "non-soi". Un niveau d'expression trop élevé dans des cellules comme celles des myotubes pourrait amplifier ce processus en raison de la présence, en condition inflammatoire, des CMH de classe I et II (Emslie-Smith et al., 1989; Karpati et al., 1988). En effet, ces cellules sont capables d'exprimer le CMH (Complexe Majeur d'Histocompatibilité) de classe 2 et de présenter des antigènes (Rouger et al., 2001). De plus, comme le tissu dystrophique est en perpétuelle régénération/inflammation, ce phénomène est amplifié notamment dans les dysferlinopathies où de nombreux phénomènes d'inflammation sont observés (Fanin and Angelini, 2002).

Un autre problème se pose au niveau de la stabilité d'expression. Il faut se rappeler que le patient est porteur des mutations dans le gène de la dysferline. L'expression transitoire d'un transgène ne saurait donc mener à une rémission complète du patient, notamment lorsqu'on utilise un vecteur AAV, vecteur non-intégratif. Cependant, la stabilité d'expression est largement favorisée dans le tissu musculaire puisqu'il est composé d'une majorité de cellules post-mitotiques.

Pour finir, deux points restent à être abordés. Ils sont inhérents à toutes les approches thérapeutiques. Afin de remédier ou ralentir la progression de la pathologie, il convient de connaître le niveau minimal de protéine à apporter et l'âge du commencement des traitements. Dans le cas de pathologies progressives comme les dysferlinopathies, il paraît important de débuter le traitement le plus tôt possible, voire même anticiper l'apparition des premiers signes. Cependant, comment savoir à l'avance si un enfant est porteur d'une pathologie sans disposer de ses antécédents familiaux ? Une des réponses à cette question serait d'effectuer un diagnostic pré-symptomatique, ce qui pose de réelles questions d'éthique. Il faut donc attendre les premiers signes de la maladie. Le traitement sera-t-il suffisant pour stopper/ralentir la progression de la pathologie si celle-ci a déjà débuté ? A l'heure actuelle, notre recul scientifique ne nous permet pas de répondre à ces questions très sensibles qui impliquent de nombreux acteurs. Il faudra donc à l'avenir rester très prudent et avoir une approche pluridisciplinaire.

3.1.2 TRANSFERT DE MINIGENE

Ce type de recherche nous a permis, grâce à l'identification d'une minidysferline chez une patiente présentant un phénotype modéré, de construire un vecteur de thérapie génique pour les dysferlinopathies. La production de cette minidysferline chez la souris, permet, aux fibres musculaires, une restauration partielle du processus de réparation membranaire. Cependant, étant donné que la souris possède toujours des signes dystrophiques, cette miniprotéine ne dispose pas de toutes les fonctions de la dysferline (Krahn, Wein Bartoli et al., 2010). On pourrait émettre l'hypothèse que le niveau de minidysferline exprimée et l'âge d'injection des souris sont peut-être la cause du manque d'efficacité de ce vecteur. Toutefois, il me paraît plus probable que c'est l'absence de certains domaines, tels que le C2A, qui soient responsable du manque d'efficacité de notre vecteur. En effet, ce domaine est très conservé entre espèce et est nécessaire pour l'interaction de la dysferline avec de nombreux partenaires (Azakir et al., 2010; Huang et al., 2007; Lek et al., 2010; Therrien et al., 2009). Néamoins, même si cette minidysferline n'est pas complètement fonctionnelle, son identification nous a permis de démontrer la modularité de la dysferline.

Comme notre transgène a une taille de 2,2kb, nous essayons actuellement de rajouter des séquences supplémentaires à cette minidysferline afin de produire des « midi-dysferline » puisque la limite d'encapsidation des AAV est de 4,6kb. Ces protéines, certes non présentes naturellement, auront au moins un domaine C2 supplémentaire et/ou des domaines Dysf. Au vue de l'importance du domaine C2A de la dysferline pour interagir avec AHNAK et l'alpha tubuline, nous avons créé en première instance, une midi-dysferline contenant les domaines C2A, C2F et C2G (Azakir et al., 2010; Huang et al., 2007; Lek et al., 2010; Therrien et al., 2009). Nous venons de réaliser des injections de ce vecteur aux souris déficientes en dysferline et devrions obtenir les premiers résultats prochainement. La construction de ces vecteurs permettra de connaître précisément le rôle de chaque domaine C2 et Dysf et ainsi, de disposer d'un vecteur thérapeutique optimisé.

En parallèle, il a été démontré récemment que l'utilisation de la technologie de concatémérisation à partir de deux vecteurs AAV, semble être une stratégie alternative prometteuse (Lostal et al., 2010). Elle permet l'expression d'une dysferline entière et fonctionnelle qui peut interagir avec tous ces partenaires. En revanche, même si la stratégie de concatémérisation semble avoir un fort potentiel, il subsiste des points négatifs. L'utilisation de deux vecteurs AAV, le faible taux de dysferline entière produite et la production de la partie 5' de la dysferline à partir du premier AAV en sont des exemples. Ils peuvent induire des effets secondaires non désirables.

3.2   LA CHIRURGIE DE L'ARN

La stratégie envisageable, à court terme, semble être celle consistant à modifier l'ARNm. En effet, l'utilisation d'oligonucléotides antisens synthétiques possède de nombreux avantages par rapport aux stratégies de transfert de gène au moyen de vecteurs : 1) l'injection ne déclenche pas de réaction immunitaire, que ce soit par voie intramusculaire ou par voir intraveineuse ; 2) il n'y a pas de risque d'intégration dans le génome ; 3) enfin, elle n'utilise pas de vecteurs viraux (Muntoni et al., 2008). L'utilisation d'AON présente en revanche un inconvénient. L'efficacité de leurs pénétrations dans les cellules est limitée. Pour pallier cette lacune, il faut injecter de grandes quantités d'AONs (Trollet et al., 2009).

3.2.1 UTILISATION D'OLIGONUCLEOTIDES ANTISENS (AON)

Comme je l'ai mentionné ci-dessus, nous sommes arrivés *in vitro* à forcer le saut de l'exon 32 en utilisant soit des AON seuls, soit un lentivirus exprimant une séquence antisens dans des cellules de patients et de sujets contrôle. De plus, la protéine produite permet la réparation de la membrane et la formation de myotubes. Ces résultats très encourageants permettraient de lancer, dans un futur proche, un essai clinique puisque les AONs sont actuellement testés dans des essais de phase II pour la DMD (van Deutekom et al., 2007). Toutefois avant de passer aux essais cliniques, ils nous paraient pertinents de tester de nouvelles chimies pour les AONs. Par exemple, nous avons transfecté des

AONs sous forme ARN 2'Omethyl PS. Or, il existe d'autres chimies comme les très prometteurs ADN tricyclo (tc-DNA pour tricyclique nucléoside) qui possèdent un cyclopropane permettant de renforcer la stabilité de la conformation des nucléosides (Ittig et al., 2004; Ivanova et al., 2007). Cette molécule appartient à la classe des analogues conformationnels de l'ADN qui possèdent de meilleures propriétés de liaison à l'ADN et à l'ARN. Enfin, contrairement aux AONs 2'-O-Me-PS-ARN, ces tc-DNA sont capables de pénétrer dans les cellules, même en absence d'agent transfectant (Renneberg et al., 2002).

L'absence de l'exon 32 n'induit pas de défauts de réparation membranaire. Etant donné que la dysferline est impliquée dans d'autres processus tels que l'organisation des tubules-T, il serait intéressant de construire un nouveau modèle souris qui exprime naturellement cette quasi-dysferline et vérifier que l'absence de l'exon 32 ne perturbe aucune des fonctions de la dysferline. Pour approfondir cette étude, il faudrait élargir notre stratégie de saut à d'autres exons comme nous avons pu le voir précédemment (cf. partie Résultats). En revanche, on ne peut pas forcer le saut de n'importe quel exon.

Enfin, l'utilisation d'AONs peut également servir à empêcher l'exclusion d'exons ou bloquer un site d'épissage, comme cela a été le cas, par exemple, pour le gène *SMN2* (Marquis et al., 2007) et le gène *LMNA* (Scaffidi and Misteli, 2005) :

- Chez les personnes atteintes d'amyotrophie spinale proximale (SMA), le gène SMN1 est soit absent, soit incapable de coder la protéine SMN. L'expression de la protéine SMN est alors fortement réduite dans tous les tissus, en particulier dans les motoneurones de la moelle épinière et le muscle squelettique. Cependant, il existe une copie du gène SMN1 : le gène SMN2 dont l'ARN messager est légèrement différent de celui de SMN1. Ce gène possède une variation ponctuelle qui induit un épissage incorrect de l'ARN excluant l'exon 7, ce qui conduit à la production d'une protéine en majorité tronquée et partiellement (25%) fonctionnelle. En utilisant des AONs masquant ce site d'épissage, il est ainsi possible de ré-inclure l'exon 7 du transcrit SMN2 et ainsi de restaurer un niveau normal de protéine SMN.

- La majorité des cas de HGPS typiques, est causée par une mutation récurrente de novo, située dans l'exon 11 du gène LMNA : c.1824C>T. Cette mutation silencieuse (p.G608G) elle affecte, cependant, l'épissage puisqu'elle entraîne l'activation d'un site cryptique d'épissage (De Sandre-Giovannoli et al. 2003; Eriksson et al. 2003). Cette mutation a, pour conséquence, la délétion des 150 dernières paires de bases de l'exon 11 mais cette délétion n'altère pas le cadre de lecture. Ainsi, un transcrit anormal est produit authorisant la synthèse d'une forme tronquée de prélamine A, appelée progérine. Le site de clivage reconnu par zmpste24 (zinc metallopeptidase STE24), durant l'étape de maturation de la prélamine, est situé à l'intérieur de cette délétion, ce qui empêche la maturation complète du précurseur. Une étude menée par Scaffidi et al. a montré qu'en masquant la région responsable du défaut d'épissage, en utilisant des oligonucléotides antisens, la machinerie d'épissage ne reconnait plus le site cyrptique d'épissage permettant ainsi, une réduction des anomalies nucléaires retrouvées chez les patients HGPS.

Dans le cadre des dysferlinopathies, il existe 11% de mutations introniques qui induisent un décalage du cadre de lecture, lors de la maturation de l'ARN messager (Krahn et al., 2009a). On pourrait donc masquer ces sites aberrants d'épissage avec des AONs pour rétablir un transcrit correctement épissé et permettant l'expression d'une dysferline.

CONCLUSION GENERALE

4 CONCLUSION GENERALE

En raison de l'hétérogénéité clinique et moléculaire des dysferlinopathies, il est difficile de prédire quelle stratégie thérapeutique sera la plus pertinente. Ainsi, il est probable que, non pas une mais plusieurs approches seront nécessaires pour lutter contre les dysferlinopathies. Toutes nécessiteront de caractériser systématiquement le statut moléculaire des patients afin qu'ils bénéficient de thérapies ciblées.

C'est la raison pour laquelle nous avons développé à la fois des stratégies dédiées à améliorer le diagnostic aussi bien qu'à évaluer la faisabilité d'approches thérapeutiques innovantes basées sur le caractère modulaire de la dysferline, caractère mis en évidence au cours des travaux de cette thèse.

L'ensemble des expériences effectuées reflètent l'importance des liens étroits tissés entre notre unité et le département de Génétique de l'Hôpital d'Enfant de la Timone depuis des années. C'est dans ce contexte, que cette thèse a permis d'aboutir aux prémices d'une thérapie, ce qui prouve l'importance d'aborder ces maladies de façon translationnelle. Finalement, en plus d'apporter de nouvelles stratégies thérapeutiques au patient, ce travail sert également de base pour une meilleure compréhension de la physiopathologie des dysferlinopathies et plus généralement des maladies musculaires induites par des dérégulations de l'homéostasie des membranes de la fibre.

REFERENCES ET LIENS
INTERNET

REFERENCES ET LIENS INTERNET

Aartsma-Rus, A., Janson, A. A., Kaman, W. E., Bremmer-Bout, M., den Dunnen, J. T., et al. (2003). Therapeutic antisense-induced exon skipping in cultured muscle cells from six different DMD patients. *Hum Mol Genet* **12**, 907-14.

Aartsma-Rus, A., Singh, K. H., Fokkema, I. F., Ginjaar, I. B., van Ommen, G. J., et al. (2010a). Therapeutic exon skipping for dysferlinopathies? *Eur J Hum Genet* **18**, 889-94.

Aartsma-Rus, A., Singh, K. H., Fokkema, I. F., Ginjaar, I. B., van Ommen, G. J., et al. (2010b). Therapeutic exon skipping for dysferlinopathies? *European Journal of Human Genetics* **18**, 1072-1073.

Aartsma-Rus, A., and van der Maarel, S. M. (2010). Reply to Lévy et al. *European Journal of Human Genetics* **18**, 971.

Achanzar, W. E., and Ward, S. (1997). A nematode gene required for sperm vesicle fusion. *J Cell Sci* **110 (Pt 9)**, 1073-81.

Aiuti, A., Cattaneo, F., Galimberti, S., Benninghoff, U., Cassani, B., et al. (2009). Gene therapy for immunodeficiency due to adenosine deaminase deficiency. *N Engl J Med* **360**, 447-58.

Allocca, M., Doria, M., Petrillo, M., Colella, P., Garcia-Hoyos, M., et al. (2008). Serotype-dependent packaging of large genes in adeno-associated viral vectors results in effective gene delivery in mice. *J Clin Invest* **118**, 1955-64.

Ampong, B. N., Imamura, M., Matsumiya, T., Yoshida, M., and Takeda, S. (2005). Intracellular localization of dysferlin and its association with the dihydropyridine receptor. *Acta Myol* **24**, 134-44.

Anderson, L. V., and Davison, K. (1999). Multiplex Western blotting system for the analysis of muscular dystrophy proteins. *Am J Pathol* **154**, 1017-22.

Anderson, L. V., Davison, K., Moss, J. A., Young, C., Cullen, M. J., et al. (1999). Dysferlin is a plasma membrane protein and is expressed early in human development. *Hum Mol Genet* **8,** 855-61.

Anderson, L. V., Harrison, R. M., Pogue, R., Vafiadaki, E., Pollitt, C., et al. (2000). Secondary reduction in calpain 3 expression in patients with limb girdle muscular dystrophy type 2B and Miyoshi myopathy (primary dysferlinopathies). *Neuromuscul Disord* **10,** 553-9.

Anderson, R. G. (1993). Caveolae: where incoming and outgoing messengers meet. *Proc Natl Acad Sci U S A* **90,** 10909-13.

Andrews, N. W. (1995). Lysosome recruitment during host cell invasion by Trypanosoma cruzi. *Trends Cell Biol* **5,** 133-7.

Andrews, N. W., and Chakrabarti, S. (2005). There's more to life than neurotransmission: the regulation of exocytosis by synaptotagmin VII. *Trends Cell Biol* **15,** 626-31.

Angleson, J. K., and Betz, W. J. (1997). Monitoring secretion in real time: capacitance, amperometry and fluorescence compared. *Trends Neurosci* **20,** 281-7.

Aoki, M., Arahata, K., and Brown, R. H., Jr. (1999). [Positional cloning of the gene for Miyoshi myopathy and limb-girdle muscular dystrophy]. *Rinsho Shinkeigaku* **39,** 1272-5.

Aoki, M., Liu, J., Richard, I., Bashir, R., Britton, S., et al. (2001). Genomic organization of the dysferlin gene and novel mutations in Miyoshi myopathy. *Neurology* **57,** 271-8.

Argov, Z., Sadeh, M., Mazor, K., Soffer, D., Kahana, E., et al. (2000). Muscular dystrophy due to dysferlin deficiency in Libyan Jews. Clinical and genetic features. *Brain* **123 (Pt 6),** 1229-37.

Arkov, A. L., and Murgola, E. J. (1999). Ribosomal RNAs in translation termination: facts and hypotheses. *Biochemistry (Mosc)* **64,** 1354-9.

Armant, D. R., Carson, D. D., Decker, G. L., Welply, J. K., and Lennarz, W. J. (1986). Characterization of yolk platelets isolated from developing embryos of Arbacia punctulata. *Dev Biol* **113,** 342-55.

Athanasopoulos, T., Graham, I. R., Foster, H., and Dickson, G. (2004). Recombinant adeno-associated viral (rAAV) vectors as therapeutic tools for Duchenne muscular dystrophy (DMD). *Gene Ther* **11 Suppl 1,** S109-21.

Aure, K., Mamchaoui, K., Frachon, P., Butler-Browne, G. S., Lombes, A., et al. (2007). Impact on oxidative phosphorylation of immortalization with the telomerase gene. *Neuromuscul Disord* **17,** 368-75.

Aurino, S., and Nigro, V. (2006). Readthrough strategies for stop codons in Duchenne muscular dystrophy. *Acta Myol* **25,** 5-12.

Azakir, B. A., Di Fulvio, S., Therrien, C., and Sinnreich, M. (2010). Dysferlin interacts with tubulin and microtubules in mouse skeletal muscle. *PLoS One* **5,** e10122.

Bai, J., and Chapman, E. R. (2004). The C2 domains of synaptotagmin--partners in exocytosis. *Trends Biochem Sci* **29,** 143-51.

Bakker, A. C., Webster, P., Jacob, W. A., and Andrews, N. W. (1997). Homotypic fusion between aggregated lysosomes triggered by elevated [Ca2+]i in fibroblasts. *J Cell Sci* **110 (Pt 18),** 2227-38.

Ballinger, M. L., Blanchette, A. R., Krause, T. L., Smyers, M. E.,

Fishman, H. M., et al. (1997). Delaminating myelin membranes help seal the cut ends of severed earthworm giant axons. *J Neurobiol* **33,** 945-60.

Bansal, D., and Campbell, K. P. (2004). Dysferlin and the plasma membrane repair in muscular dystrophy. *Trends Cell Biol* **14,** 206-13.

Bansal, D., Miyake, K., Vogel, S. S., Groh, S., Chen, C. C., et al. (2003). Defective membrane repair in dysferlin-deficient muscular dystrophy. *Nature* **423,** 168-72.

Bartoli, M., Poupiot, J., Vulin, A., Fougerousse, F., Arandel, L., et al. (2007). AAV-mediated delivery of a mutated myostatin propeptide ameliorates calpain 3 but not alpha-sarcoglycan deficiency. *Gene Ther* **14,** 733-40.

Bartoli, M., Roudaut, C., Martin, S., Fougerousse, F., Suel, L., et al. (2006). Safety and efficacy of AAV-mediated calpain 3 gene transfer in a mouse model of limb-girdle muscular dystrophy type 2A. *Mol Ther* **13,** 250-9.

Bashir, R., Britton, S., Strachan, T., Keers, S., Vafiadaki, E., et al. (1998). A gene related to Caenorhabditis elegans spermatogenesis factor fer-1 is mutated in limb-girdle muscular dystrophy type 2B. *Nat Genet* **20,** 37-42.

Beckmann, J. S., and Spencer, M. (2008). Calpain 3, the "gatekeeper" of proper sarcomere assembly, turnover and maintenance. *Neuromuscul Disord* **18,** 913-21.

Bement, W. M., Mandato, C. A., and Kirsch, M. N. (1999). Wound-induced assembly and closure of an actomyosin purse string in Xenopus oocytes. *Curr Biol* **9,** 579-87.

Benaud, C., Gentil, B. J., Assard, N., Court, M., Garin, J., et al. (2004). AHNAK interaction with the annexin 2/S100A10 complex regulates cell membrane cytoarchitecture. *J Cell Biol* **164,** 133-44.

Benchaouir, R., Meregalli, M., Farini, A., D'Antona, G., Belicchi, M., et al. (2007). Restoration of human dystrophin following transplantation of exon-skipping-engineered DMD patient stem cells into dystrophic mice. *Cell Stem Cell* **1,** 646-57.

Bernstein, H. D. (1998). Membrane protein biogenesis: the exception explains the rules. *Proc Natl Acad Sci U S A* **95,** 14587-9.

Bhatia, M., Bonnet, D., Murdoch, B., Gan, O. I., and Dick, J. E. (1998). A newly discovered class of human hematopoietic cells with SCID-repopulating activity. *Nat Med* **4,** 1038-45.

Bi, G. Q., Alderton, J. M., and Steinhardt, R. A. (1995). Calcium-regulated exocytosis is required for cell membrane resealing. *J Cell Biol* **131,** 1747-58.

Bidou, L., Hatin, I., Perez, N., Allamand, V., Panthier, J. J., et al. (2004). Premature stop codons involved in muscular dystrophies show a broad spectrum of readthrough efficiencies in response to gentamicin treatment. *Gene Ther* **11,** 619-27.

Bijlsma, J. W., van der Goes, M. C., Hoes, J. N., Jacobs, J. W., Buttgereit, F., et al. (2010). Low-dose glucocorticoid therapy in rheumatoid arthritis: an obligatory therapy. *Ann N Y Acad Sci* **1193**, 123-6.

Bisceglia, L., Zoccolella, S., Torraco, A., Piemontese, M. R., Dell'Aglio, R., et al. (2010). A new locus on 3p23-p25 for an autosomal-dominant limb-girdle muscular dystrophy, LGMD1H. *Eur J Hum Genet* **18**, 636-41.

Bittner, R. E., Anderson, L. V., Burkhardt, E., Bashir, R., Vafiadaki, E., et al. (1999). Dysferlin deletion in SJL mice (SJL-Dysf) defines a natural model for limb girdle muscular dystrophy 2B. *Nat Genet* **23**, 141-2.

Blott, E. J., and Griffiths, G. M. (2002). Secretory lysosomes. *Nat Rev Mol Cell Biol* **3**, 122-31.

Blouin, V., Brument, N., Toublanc, E., Raimbaud, I., Moullier, P., et al. (2004). Improving rAAV production and purification: towards the definition of a scaleable process. *J Gene Med* **6** Suppl 1, S223-8.

Bogdanovich, S., Krag, T. O., Barton, E. R., Morris, L. D., Whittemore, L. A., et al. (2002). Functional improvement of dystrophic muscle by myostatin blockade. *Nature* **420**, 418-21.

Bolduc, V., Marlow, G., Boycott, K. M., Saleki, K., Inoue, H., et al. (2010). Recessive mutations in the putative calcium-activated chloride channel Anoctamin 5 cause proximal LGMD2L and distal MMD3 muscular dystrophies. *Am J Hum Genet* **86**, 213-21.

Borgonovo, B., Cocucci, E., Racchetti, G., Podini, P., Bachi, A., et al. (2002). Regulated exocytosis: a novel, widely expressed system. *Nat Cell Biol* **4**, 955-62.

Borselli, C., Storrie, H., Benesch-Lee, F., Shvartsman, D., Cezar, C., et al. (2010). Functional muscle regeneration with combined delivery of angiogenesis and myogenesis factors. *Proc Natl Acad Sci U S A* **107**, 3287-92.

Bozzoni, I., Annesi, F., Beccari, E., Fragapane, P., Pierandrei-Amaldi, P., et al. (1984). Splicing of Xenopus laevis ribosomal protein RNAs is inhibited in vivo by antisera to ribonucleoproteins containing U1 small nuclear

RNA. *J Mol Biol* **180**, 1173-8.

Bucci, M., Gratton, J. P., Rudic, R. D., Acevedo, L., Roviezzo, F., et al. (2000). In vivo delivery of the caveolin-1 scaffolding domain inhibits nitric oxide synthesis and reduces inflammation. *Nat Med* **6**, 1362-7.

Buning, H., Perabo, L., Coutelle, O., Quadt-Humme, S., and Hallek, M. (2008). Recent developments in adeno-associated virus vector technology. *J Gene Med* **10**, 717-33.

Burton, M., Nakai, H., Colosi, P., Cunningham, J., Mitchell, R., et al. (1999). Coexpression of factor VIII heavy and light chain adeno-associated viral vectors produces biologically active protein. *Proc Natl Acad Sci U S A* **96**, 12725-30.

Bushby, K. (2009). Diagnosis and management of the limb girdle muscular dystrophies. *Pract Neurol* **9**, 314-23.

Bushby, K. M., and Beckmann, J. S. (1995). The limb-girdle muscular dystrophies--proposal for a new nomenclature.

Neuromuscul Disord **5**, 337-43.

Cagliani, R., Fortunato, F., Giorda, R., Rodolico, C., Bonaglia, M. C., et al. (2003). Molecular analysis of LGMD-2B and MM patients: identification of novel DYSF mutations and possible founder effect in the Italian population. *Neuromuscul Disord* **13**, 788-95.

Cai, C., Masumiya, H., Weisleder, N., Matsuda, N., Nishi, M., et al. (2009a). MG53 nucleates assembly of cell membrane repair machinery. *Nat Cell Biol* **11**, 56-64.

Cai, C., Weisleder, N., Ko, J. K., Komazaki, S., Sunada, Y., et al. (2009b). Membrane repair defects in muscular dystrophy are linked to altered interaction between MG53, caveolin-3, and dysferlin. *J Biol Chem* **284**, 15894-902.

Caler, E. V., Chakrabarti, S., Fowler, K. T., Rao, S., and Andrews, N. W. (2001). The Exocytosis-regulatory protein synaptotagmin VII mediates cell invasion by Trypanosoma cruzi. *J Exp Med* **193**, 1097-104.

Carozzi, A. J., Ikonen, E., Lindsay, M. R., and Parton, R. G. (2000). Role of cholesterol in developing T-tubules: analogous mechanisms for T-tubule and caveolae biogenesis. *Traffic* **1,** 326-41.

Cartier, N., Hacein-Bey-Abina, S., Bartholomae, C. C., Veres, G., Schmidt, M., et al. (2009). Hematopoietic stem cell gene therapy with a lentiviral vector in X-linked adrenoleukodystrophy. *Science* **326,** 818-23.

Cartier, N., Lopez, J., Moullier, P., Rocchiccioli, F., Rolland, M. O., et al. (1995). Retroviral-mediated gene transfer corrects very-long-chain fatty acid metabolism in adrenoleukodystrophy fibroblasts. *Proc Natl Acad Sci U S A* **92,** 1674-8.

Casademont, J., Carpenter, S., and Karpati, G. (1988). Vacuolation of muscle fibers near sarcolemmal breaks represents T-tubule dilatation secondary to enhanced sodium pump activity. *J Neuropathol Exp Neurol* **47,** 618-28.

Chakkalakal, J. V., Thompson, J., Parks, R. J., and Jasmin, B. J. (2005). Molecular, cellular, and pharmacological therapies for Duchenne/Becker muscular dystrophies. *Faseb J* **19,** 880-91.

Chao, H., Sun, L., Bruce, A., Xiao, X., and Walsh, C. E. (2002). Expression of human factor VIII by splicing between dimerized AAV vectors. *Mol Ther* **5,** 716-22.

Chaouch, S., Mouly, V., Goyenvalle, A., Vulin, A., Mamchaoui, K., et al. (2009). Immortalized skin fibroblasts expressing conditional MyoD as a renewable and reliable source of converted human muscle cells to assess therapeutic strategies for muscular dystrophies: validation of an exon-skipping approach to restore dystrophin in Duchenne muscular dystrophy cells. *Hum Gene Ther* **20,** 784-90.

Cheng, Y., Wang, J., Shao, J., Chen, Q., Mo, F., et al. (2010). Identification of novel SNPs by next-generation sequencing of the genomic region containing the APC gene in colorectal cancer patients in China. *Omics* **14,** 315-25.

Chenuaud, P., Larcher, T., Rabinowitz, J. E., Provost, N., Joussemet, B., et al. (2004). Optimal design of a single recombinant adeno-associated virus derived from serotypes 1 and 2 to achieve more tightly regulated transgene expression from nonhuman primate muscle. *Mol Ther* **9,** 410-8.

Chernomordik, L. V., and Kozlov, M. M. (2003). Protein-lipid interplay in fusion and fission of biological membranes. *Annu Rev Biochem* **72,** 175-207.

Chidlow, J. H., Jr., and Sessa, W. C. (2010). Caveolae, caveolins, and cavins: complex control of cellular signalling and inflammation. *Cardiovasc Res* **86,** 219-25.

Choi, E. R., Park, S. J., Choe, Y. H., Ryu, D. R., Chang, S. A., et al. (2010). Early detection of cardiac involvement in Miyoshi myopathy: 2D strain echocardiography and late gadolinium enhancement cardiovascular magnetic resonance. *J Cardiovasc Magn Reson* **12,** 31.

Choi, M., Scholl, U. I., Ji, W., Liu, T., Tikhonova, I. R., et al. (2009). Genetic diagnosis by whole exome capture and massively parallel DNA sequencing. *Proc Natl Acad Sci U S A* **106,** 19096-101.

Choi, V. W., Samulski, R. J., and McCarty, D. M. (2005). Effects of adeno-associated virus DNA hairpin structure on recombination. *J Virol* **79,** 6801-7.

Chrobakova, T., Hermanova, M., Kroupova, I., Vondracek, P., Marikova, T., et al. (2004). Mutations in Czech LGMD2A patients revealed by analysis of calpain3 mRNA and their phenotypic outcome. *Neuromuscul Disord* **14,** 659-65.

Clarke, M. S., Khakee, R., and McNeil, P. L. (1993). Loss of cytoplasmic basic fibroblast growth factor from physiologically wounded myofibers of normal and dystrophic muscle. *J Cell Sci* **106 (Pt 1),** 121-33.

Coady, T. H., Baughan, T. D., Shababi, M., Passini, M. A., and Lorson, C. L. (2008). Development of a single vector system that enhances trans-splicing of SMN2 transcripts. *PLoS One* **3**, e3468.

Coady, T. H., Shababi, M., Tullis, G. E., and Lorson, C. L. (2007). Restoration of SMN function: delivery of a trans-splicing RNA redirects SMN2 pre-mRNA splicing. *Mol Ther* **15**, 1471-8.

Cocucci, E., Racchetti, G., Podini, P., and Meldolesi, J. (2007). Enlargeosome traffic: exocytosis triggered by various signals is followed by endocytosis, membrane shedding or both. *Traffic* **8**, 742-57.

Cocucci, E., Racchetti, G., Podini, P., Rupnik, M., and Meldolesi, J. (2004). Enlargeosome, an exocytic vesicle resistant to nonionic detergents, undergoes endocytosis via a nonacidic route. *Mol Biol Cell* **15**, 5356-68.

Cocucci, E., Racchetti, G., Rupnik, M., and Meldolesi, J. (2008). The regulated exocytosis of enlargeosomes is mediated by a SNARE machinery that includes VAMP4. *J Cell Sci* **121**, 2983-91.

Colle, M. A., Piguet, F., Bertrand, L., Raoul, S., Bieche, I., et al. (2010). Efficient intracerebral delivery of AAV5 vector encoding human ARSA in non-human primate. *Hum Mol Genet* **19**, 147-58.

Confalonieri, P., Oliva, L., Andreetta, F., Lorenzoni, R., Dassi, P., et al. (2003). Muscle inflammation and MHC class I up-regulation in muscular dystrophy with lack of dysferlin: an immunopathological study. *J Neuroimmunol* **142**, 130-6.

Cossu, G., and Bianco, P. (2003). Mesoangioblasts--vascular progenitors for extravascular mesodermal tissues. *Curr Opin Genet Dev* **13**, 537-42.

Covian-Nares, J. F., Koushik, S. V., Puhl, H. L., 3rd, and Vogel, S. S. Membrane wounding triggers ATP release and dysferlin-mediated intercellular calcium signaling. *J Cell Sci* **123**, 1884-93.

Covian-Nares, J. F., Koushik, S. V., Puhl, H. L., 3rd, and Vogel, S. S. (2010). Membrane wounding triggers ATP release and dysferlin-mediated intercellular calcium signaling. *J Cell Sci* **123**, 1884-93.

Dai, J., Ting-Beall, H. P., and Sheetz, M. P. (1997). The secretion-coupled endocytosis correlates with membrane tension changes in RBL 2H3 cells. *J Gen Physiol* **110**, 1-10.

Dalakas, M. C. (1993). Retroviruses and inflammatory myopathies in humans and primates. *Baillieres Clin Neurol* **2**, 659-91.

Daniele, N., Richard, I., and Bartoli, M. (2007). Ins and outs of therapy in limb girdle muscular dystrophies. *Int J Biochem Cell Biol* **39**, 1608-24.

Dasgupta, S., and Kelly, R. B. (2003). Internalization signals in synaptotagmin VII utilizing two independent pathways are masked by intramolecular inhibitions. *J Cell Sci* **116**, 1327-37.

Davis, D. B., Delmonte, A. J., Ly, C. T., and McNally, E. M. (2000). Myoferlin, a candidate gene and potential modifier of muscular dystrophy. *Hum Mol Genet* **9**, 217-26.

De Haro, L., Quetglas, S., Iborra, C., Leveque, C., and Seagar, M. (2003). Calmodulin-dependent regulation of a lipid binding domain in the v-SNARE synaptobrevin and its role in vesicular fusion. *Biol Cell* **95**, 459-64.

De Luna, N., Freixas, A., Gallano, P., Caselles, L., Rojas-Garcia, R., et al. (2007). Dysferlin expression in monocytes: a source of mRNA for mutation analysis. *Neuromuscul Disord* **17**, 69-76.

De Luna, N., Gallardo, E., and Illa, I. (2004). In vivo and in vitro dysferlin expression in human muscle satellite cells. *J Neuropathol Exp Neurol* **63**, 1104-13.

De Luna, N., Gallardo, E., Sonnet, C., Chazaud, B., Dominguez-Perles, R., et al. (2010). Role of thrombospondin 1 in macrophage inflammation in dysferlin myopathy. *J Neuropathol Exp Neurol* **69**, 643-53.

de Luna, N., Gallardo, E., Soriano, M., Dominguez-Perles, R., de la Torre, C., et al. (2006). Absence of dysferlin alters myogenin expression and delays human muscle differentiation "in vitro". *J Biol Chem* **281**, 17092-8.

Dell, K. R. (2003). Dynactin polices two-way organelle traffic. *J Cell Biol* **160**, 291-3.

Demonbreun, A. R., Posey, A. D., Heretis, K., Swaggart, K. A., Earley, J. U., et al. (2010). Myoferlin is required for insulin-like growth factor response and muscle growth. *Faseb J* **24**, 1284-95.

Di Giovanni, J., Boudkkazi, S., Mochida, S., Bialowas, A., Samari, N., et al. (2010). V-ATPase membrane sector associates with synaptobrevin to modulate neurotransmitter release. *Neuron* **67**, 268-79.

Di Maio, A., Karko, K., Snopko, R. M., Mejia-Alvarez, R., and Franzini-Armstrong, C. (2007). T-tubule formation in cardiacmyocytes: two possible mechanisms? *J Muscle Res Cell Motil* **28**, 231-41.

Dincer, P., Akcoren, Z., Demir, E., Richard, I., Sancak, O., et al. (2000). A cross section of autosomal recessive limb-girdle muscular dystrophies in 38 families. *J Med Genet* **37**, 361-7.

Ding, W., Zhang, L., Yan, Z., and Engelhardt, J. F. (2005). Intracellular trafficking of adeno-associated viral vectors. *Gene Ther* **12**, 873-80.

Doherty, K. R., Cave, A., Davis, D. B., Delmonte, A. J., Posey, A., et al. (2005). Normal myoblast fusion requires myoferlin. *Development* **132**, 5565-75.

Doherty, K. R., Demonbreun, A. R., Wallace, G. Q., Cave, A., Posey, A. D., et al. (2008). The endocytic recycling protein EHD2 interacts with myoferlin to regulate myoblast fusion. *J Biol Chem* **283**, 20252-60.

Doherty, K. R., and McNally, E. M. (2003). Repairing the tears: dysferlin in muscle membrane repair. *Trends Mol Med* **9**, 327-30.

Dominski, Z., and Kole, R. (1993). Restoration of correct splicing in thalassemic pre-mRNA by antisense oligonucleotides. *Proc Natl Acad Sci U S A* **90**, 8673-7.

Douar, A. M., Poulard, K., Stockholm, D., and Danos, O. (2001). Intracellular trafficking of adeno-associated virus vectors: routing to the late endosomal compartment and proteasome degradation. *J Virol* **75**, 1824-33.

Dubois-Dalcq, M., Feigenbaum, V., and Aubourg, P. (1999). The neurobiology of X-linked adrenoleukodystrophy, a demyelinating peroxisomal disorder. *Trends Neurosci* **22**, 4-12.

Duguez, S., Bartoli, M., and Richard, I. (2006). Calpain 3: a key regulator of the sarcomere? *Febs J* **273**, 3427-36.

Dulon, D., Safieddine, S., Jones, S. M., and Petit, C. (2009). Otoferlin is critical for a highly sensitive and linear calcium-dependent exocytosis at vestibular hair cell ribbon synapses. *J Neurosci* **29**, 10474-87.

Eberhard, D. A., and Vandenberg, S. R. (1998). Annexins I and II bind to lipid A: a possible role in the inhibition of endotoxins. *Biochem J* **330** (Pt 1), 67-72.

Eddleman, C. S., Ballinger, M. L., Smyers, M. E., Fishman, H. M., and Bittner, G. D. (1998a). Endocytotic formation of vesicles and other membranous structures induced by Ca2+ and axolemmal injury. *J Neurosci* **18**, 4029-41.

Eddleman, C. S., Godell, C. M., Fishman, H. M., Tytell, M., and Bittner, G. D. (1995). Fluorescent labeling of the glial sheath of giant nerve fibers. *Biol Bull* **189**, 218-9.

Eddleman, C. S., Smyers, M. E., Lore, A., Fishman, H. M., and Bittner, G. D. (1998b). Anomalies associated with dye exclusion as a measure of axolemmal repair in invertebrate axons. *Neurosci Lett* **256**, 123-6.

Emslie-Smith, A. M., Arahata, K., and Engel, A. G. (1989). Major histocompatibility complex class I antigen expression, immunolocalization of interferon subtypes, and T cell-mediated cytotoxicity in myopathies. *Hum Pathol* **20**, 224-31.

England, S. B., Nicholson, L. V., Johnson, M. A., Forrest, S. M., Love, D. R., et al. (1990). Very mild muscular dystrophy associated with the deletion of 46% of dystrophin. *Nature* **343**, 180-2.

Evesson, F. J., Peat, R. A., Lek, A., Brilot, F., Lo, H. P., et al.

Reduced plasma membrane expression of dysferlin mutants is attributed to accelerated endocytosis via a syntaxin-4-associated pathway. *J Biol Chem* **285,** 28529-39.

Evesson, F. J., Peat, R. A., Lek, A., Brilot, F., Lo, H. P., et al. (2010). Reduced plasma membrane expression of dysferlin mutants is attributed to accelerated endocytosis via a syntaxin-4-associated pathway. *J Biol Chem* **285,** 28529-39.

Eymard, B., Laforet, P., Tome, F. M., Collin, H., Leroy, J. P., et al. (2000). [Miyoshi distal myopathy: specific signs and incidence]. *Rev Neurol (Paris)* **156,** 161-8.

Fanin, M., and Angelini, C. (2002). Muscle pathology in dysferlin deficiency. *Neuropathol Appl Neurobiol* **28,** 461-70.

Favre, D., Provost, N., Blouin, V., Blancho, G., Cherel, Y., et al. (2001). Immediate and long-term safety of recombinant adeno-associated virus injection into the nonhuman primate muscle. *Mol Ther* **4,** 559-66.

Ferrari, F. K., Samulski, T., Shenk, T., and Samulski, R. J. (1996). Second-strand synthesis is a rate-limiting step for efficient transduction by recombinant adeno-associated virus vectors. *J Virol* **70,** 3227-34.

Fisher, K. J., Gao, G. P., Weitzman, M. D., DeMatteo, R., Burda, J. F., et al. (1996). Transduction with recombinant adeno-associated virus for gene therapy is limited by leading-strand synthesis. *J Virol* **70,** 520-32.

Fisher, K. J., Jooss, K., Alston, J., Yang, Y., Haecker, S. E., et al. (1997). Recombinant adeno-associated virus for muscle directed gene therapy. *Nat Med* **3,** 306-12.

Fishman, H. M., Krause, T. L., Miller, A. L., and Bittner, G. D. (1995). Retardation of the spread of extracellular Ca2+ into transected, unsealed squid giant axons. *Biol Bull* **189,** 208-9.

Foley, J. W., Bercury, S. D., Finn, P., Cheng, S. H., Scheule, R. K., et al. (2010). Evaluation of systemic follistatin as an adjuvant to stimulate muscle repair and improve motor function in Pompe mice. *Mol Ther* **18**, 1584-91.

Forozan, F., Karhu, R., Kononen, J., Kallioniemi, A., and Kallioniemi, O. P. (1997). Genome screening by comparative genomic hybridization. *Trends Genet* **13**, 405-9.

Fougerousse, F., Bartoli, M., Poupiot, J., Arandel, L., Durand, M., et al. (2007). Phenotypic correction of alpha-sarcoglycan deficiency by intra-arterial injection of a muscle-specific serotype 1 rAAV vector. *Mol Ther* **15**, 53-61.

Fougerousse, F., Durand, M., Suel, L., Pourquie, O., Delezoide, A. L., et al. (1998). Expression of genes (CAPN3, SGCA, SGCB, and TTN) involved in progressive muscular dystrophies during early human development. *Genomics* **48**, 145-56.

Gaffaney, J. D., Dunning, F. M., Wang, Z., Hui, E., and Chapman, E. R. (2008). Synaptotagmin C2B domain regulates Ca2+-triggered fusion in vitro: critical residues revealed by scanning alanine mutagenesis. *J Biol Chem* **283**, 31763-75.

Galbiati, F., Engelman, J. A., Volonte, D., Zhang, X. L., Minetti, C., et al. (2001). Caveolin-3 null mice show a loss of caveolae, changes in the microdomain distribution of the dystrophin-glycoprotein complex, and t-tubule abnormalities. *J Biol Chem* **276**, 21425-33.

Gallacher, L., Murdoch, B., Wu, D. M., Karanu, F. N., Keeney, M., et al. (2000). Isolation and characterization of human CD34(-)Lin(-) and CD34(+)Lin(-) hematopoietic stem cells using cell surface markers AC133 and CD7. *Blood* **95**, 2813-20.

Gallardo, E., Rojas-Garcia, R., de Luna, N., Pou, A., Brown, R. H., Jr., et al. (2001). Inflammation in dysferlin myopathy: immunohistochemical characterization of 13 patients. *Neurology* **57**, 2136-8.

Gao, G. P., Alvira, M. R., Wang, L., Calcedo, R., Johnston, J., et al. (2002). Novel adeno-associated viruses from rhesus monkeys as vectors for human gene therapy. *Proc Natl Acad Sci U S A* **99**, 11854-9.

Gentil, B. J., Delphin, C., Benaud, C., and Baudier, J. (2003). Expression of the giant protein AHNAK (desmoyokin) in muscle and lining epithelial cells. *J Histochem Cytochem* **51**, 339-48.

George, M., Ying, G., Rainey, M. A., Solomon, A., Parikh, P. T., et al. (2007). Shared as well as distinct roles of EHD proteins revealed by biochemical and functional comparisons in mammalian cells and C. elegans. *BMC Cell Biol* **8**, 3.

Gerke, V., and Moss, S. E. (2002). Annexins: from structure to function. *Physiol Rev* **82**, 331-71.

Gerst, J. E. (1999). SNAREs and SNARE regulators in membrane fusion and exocytosis. *Cell Mol Life Sci* **55**, 707-34.

Ghazizadeh, S., Harrington, R., and Taichman, L. (1999). In vivo transduction of mouse epidermis with recombinant retroviral vectors: implications for cutaneous gene therapy. *Gene Ther* **6**, 1267-75.

Gissel, H. (2005). The role of Ca2+ in muscle cell damage. *Ann N Y Acad Sci* **1066**, 166-80.

Glover, L., and Brown, R. H., Jr. (2007). Dysferlin in membrane trafficking and patch repair. *Traffic* **8**, 785-94.

Glover, L. E., Newton, K., Krishnan, G., Bronson, R., Boyle, A., et al. (2010). Dysferlin overexpression in skeletal muscle produces a progressive myopathy. *Ann Neurol* **67**, 384-93.

Gorman, L., Suter, D., Emerick, V., Schumperli, D., and Kole, R. (1998). Stable alteration of pre-mRNA splicing patterns by modified U7 small nuclear RNAs. *Proc Natl Acad Sci U S A* **95**, 4929-34.

Goyenvalle, A., Vulin, A., Fougerousse, F., Leturcq, F., Kaplan, J. C., et al. (2004). Rescue of dystrophic muscle through U7 snRNA-mediated exon skipping. *Science* **306**, 1796-9.

Grembowicz, K. P., Sprague, D., and McNeil, P. L. (1999). Temporary disruption of the plasma membrane is required for c-fos expression in response to mechanical stress. *Mol Biol Cell* **10,** 1247-57.

Guglieri, M., Magri, F., D'Angelo, M. G., Prelle, A., Morandi, L., et al. (2008). Clinical, molecular, and protein correlations in a large sample of genetically diagnosed Italian limb girdle muscular dystrophy patients. *Hum Mutat* **29,** 258-66.

Haase, H., Alvarez, J., Petzhold, D., Doller, A., Behlke, J., et al. (2005). Ahnak is critical for cardiac Ca(V)1.2 calcium channel function and its beta-adrenergic regulation. *Faseb J* **19,** 1969-77.

Han, R., Bansal, D., Miyake, K., Muniz, V. P., Weiss, R. M., et al. (2007). Dysferlin-mediated membrane repair protects the heart from stress-induced left ventricular injury. *J Clin Invest* **117,** 1805-13.

Han, R., and Campbell, K. P. (2007). Dysferlin and muscle membrane repair. *Curr Opin Cell Biol* **19,** 409-16.

Haroon, Z. A., Hettasch, J. M., Lai, T. S., Dewhirst, M. W., and Greenberg, C. S. (1999).

Tissue transglutaminase is expressed, active, and directly involved in rat dermal wound healing and angiogenesis. *Faseb J* **13,** 1787-95.

Harper, S. Q., Hauser, M. A., DelloRusso, C., Duan, D., Crawford, R. W., et al. (2002). Modular flexibility of dystrophin: implications for gene therapy of Duchenne muscular dystrophy. *Nat Med* **8,** 253-61.

Hartzell, H. C., Yu, K., Xiao, Q., Chien, L. T., and Qu, Z. (2009). Anoctamin/TMEM16 family members are Ca2+-activated Cl- channels. *J Physiol* **587,** 2127-39.

Hashimoto, T., Amagai, M., Parry, D. A., Dixon, T. W., Tsukita, S., et al. (1993). Desmoyokin, a 680 kDa keratinocyte plasma membrane-associated protein, is homologous to the protein encoded by human gene AHNAK. *J Cell Sci* **105 (Pt 2),** 275-86.

Hattori, H., Nagata, E., Oya, Y., Takahashi, T., Aoki, M., et al. (2007). A novel compound heterozygous dysferlin mutation in

Miyoshi myopathy siblings responding to dantrolene. *Eur J Neurol* **14**, 1288-91.

Hayes, M. J., Merrifield, C. J., Shao, D., Ayala-Sanmartin, J., Schorey, C. D., et al. (2004a). Annexin 2 binding to phosphatidylinositol 4,5-bisphosphate on endocytic vesicles is regulated by the stress response pathway. *J Biol Chem* **279**, 14157-64.

Hayes, M. J., Rescher, U., Gerke, V., and Moss, S. E. (2004b). Annexin-actin interactions. *Traffic* **5**, 571-6.

Hegde, M. R., Chin, E. L., Mulle, J. G., Okou, D. T., Warren, S. T., et al. (2008). Microarray-based mutation detection in the dystrophin gene. *Hum Mutat* **29**, 1091-9.

Heidrych, P., Zimmermann, U., Bress, A., Pusch, C. M., Ruth, P., et al. (2008). Rab8b GTPase, a protein transport regulator, is an interacting partner of otoferlin, defective in a human autosomal recessive deafness form. *Hum Mol Genet* **17**, 3814-21.

Heilbrunn, L. V. (1956). Cellular physiology and aging. *Fed Proc* **15**, 948-53.

Hermann, T. (2007). Aminoglycoside antibiotics: old drugs and new therapeutic approaches. *Cell Mol Life Sci* **64**, 1841-52.

Hernandez-Deviez, D. J., Howes, M. T., Laval, S. H., Bushby, K., Hancock, J. F., et al. (2008). Caveolin regulates endocytosis of the muscle repair protein, dysferlin. *J Biol Chem* **283**, 6476-88.

Hernandez-Deviez, D. J., Martin, S., Laval, S. H., Lo, H. P., Cooper, S. T., et al. (2006). Aberrant dysferlin trafficking in cells lacking caveolin or expressing dystrophy mutants of caveolin-3. *Hum Mol Genet* **15**, 129-42.

Hieda, Y., Tsukita, S., and Tsukita, S. (1989). A new high molecular mass protein showing unique localization in desmosomal plaque. *J Cell Biol* **109**, 1511-8.

Hill, J. J., Davies, M. V., Pearson, A. A., Wang, J. H., Hewick, R. M., et al. (2002). The myostatin propeptide and the follistatin-related gene are inhibitory binding proteins of myostatin in normal serum. *J Biol Chem* **277,** 40735-41.

Hillier, L. W., Graves, T. A., Fulton, R. S., Fulton, L. A., Pepin, K. H., et al. (2005). Generation and annotation of the DNA sequences of human chromosomes 2 and 4. *Nature* **434,** 724-31.

Hino, M., Hamada, N., Tajika, Y., Funayama, T., Morimura, Y., et al. (2009). Insufficient membrane fusion in dysferlin-deficient muscle fibers after heavy-ion irradiation. *Cell Struct Funct* **34,** 11-5.

Hirsch, M. L., Storici, F., Li, C., Choi, V. W., and Samulski, R. J. (2009). AAV recombineering with single strand oligonucleotides. *PLoS One* **4,** e7705.

Hirst, R. C., McCullagh, K. J., and Davies, K. E. (2005). Utrophin upregulation in Duchenne muscular dystrophy. *Acta Myol* **24,** 209-16.

Hitomi, J., Christofferson, D. E., Ng, A., Yao, J., Degterev, A., et al. (2008). Identification of a molecular signaling network that regulates a cellular necrotic cell death pathway. *Cell* **135,** 1311-23.

Ho, M., Gallardo, E., McKenna-Yasek, D., De Luna, N., Illa, I., et al. (2002). A novel, blood-based diagnostic assay for limb girdle muscular dystrophy 2B and Miyoshi myopathy. *Ann Neurol* **51,** 129-33.

Ho, M., Post, C. M., Donahue, L. R., Lidov, H. G., Bronson, R. T., et al. (2004). Disruption of muscle membrane and phenotype divergence in two novel mouse models of dysferlin deficiency. *Hum Mol Genet* **13,** 1999-2010.

Hochstenbach, R., Meijer, J., van de Brug, J., Vossebeld-Hoff, I., Jansen, R., et al. (2005). Rapid detection of chromosomal aneuploidies in uncultured amniocytes by multiplex ligation-dependent probe amplification (MLPA). *Prenat Diagn* **25,** 1032-9.

Hoffman, E. P., Rao, D., and Pachman, L. M. (2002). Clarifying the boundaries between the inflammatory and dystrophic myopathies: insights from molecular diagnostics and microarrays. *Rheum Dis Clin North Am* **28,** 743-57.

Honda, H., Kimura, H., and Rostami, A. (1990). Demonstration and phenotypic characterization of resident macrophages in rat skeletal muscle. *Immunology* **70**, 272-7.

Hoppman-Chaney, N., Peterson, L. M., Klee, E. W., Middha, S., Courteau, L. K., et al. (2010). Evaluation of oligonucleotide sequence capture arrays and comparison of next-generation sequencing platforms for use in molecular diagnostics. *Clin Chem* **56**, 1297-306.

Howes, M. T., Mayor, S., and Parton, R. G. (2010). Molecules, mechanisms, and cellular roles of clathrin-independent endocytosis. *Curr Opin Cell Biol* **22**, 519-27.

Hu, Y., Wu, B., Zillmer, A., Lu, P., Benrashid, E., et al. (2010). Guanine analogues enhance antisense oligonucleotide-induced exon skipping in dystrophin gene in vitro and in vivo. *Mol Ther* **18**, 812-8.

Huang, Y., de Morree, A., van Remoortere, A., Bushby, K., Frants, R. R., et al. (2008). Calpain 3 is a modulator of the dysferlin protein complex in skeletal muscle. *Hum Mol Genet* **17**, 1855-66.

Huang, Y., Laval, S. H., van Remoortere, A., Baudier, J., Benaud, C., et al. (2007). AHNAK, a novel component of the dysferlin protein complex, redistributes to the cytoplasm with dysferlin during skeletal muscle regeneration. *Faseb J* **21**, 732-42.

Huang, Y., Verheesen, P., Roussis, A., Frankhuizen, W., Ginjaar, I., et al. (2005). Protein studies in dysferlinopathy patients using llama-derived antibody fragments selected by phage display. *Eur J Hum Genet* **13**, 721-30.

Huser, D., Weger, S., and Heilbronn, R. (2003). Packaging of human chromosome 19-specific adeno-associated virus (AAV) integration sites in AAV virions during AAV wild-type and recombinant AAV vector production. *J Virol* **77**, 4881-7.

Idone, V., Tam, C., and Andrews, N. W. (2008a). Two-way traffic on the road to plasma membrane repair. *Trends Cell Biol* **18**, 552-9.

Idone, V., Tam, C., Goss, J. W., Toomre, D., Pypaert, M., et al. (2008b). Repair of injured plasma membrane by rapid Ca2+-dependent endocytosis. *J Cell Biol* **180**, 905-14.

Illa, I., Serrano-Munuera, C., Gallardo, E., Lasa, A., Rojas-Garcia, R., et al. (2001). Distal anterior compartment myopathy: a dysferlin mutation causing a new muscular dystrophy phenotype. *Ann Neurol* **49**, 130-4.

Illarioshkin, S. N., Ivanova-Smolenskaya, I. A., Greenberg, C. R., Nylen, E., Sukhorukov, V. S., et al. (2000). Identical dysferlin mutation in limb-girdle muscular dystrophy type 2B and distal myopathy. *Neurology* **55**, 1931-3.

Isaeva, E. V., Shkryl, V. M., and Shirokova, N. (2005). Mitochondrial redox state and Ca2+ sparks in permeabilized mammalian skeletal muscle. *J Physiol* **565**, 855-72.

Ittig, D., Liu, S., Renneberg, D., Schumperli, D., and Leumann, C. J. (2004). Nuclear antisense effects in cyclophilin A pre-mRNA splicing by oligonucleotides: a comparison of tricyclo-DNA with LNA. *Nucleic Acids Res* **32**, 346-53.

Ivanova, G., Arzumanov, A., Gait, M. J., Reigadas, S., Toulme, J. J., et al. (2007). Comparative studies of tricyclo-DNA- and LNA-containing oligonucleotides as inhibitors of HIV-1 gene expression. *Nucleosides Nucleotides Nucleic Acids* **26**, 747-50.

Jaiswal, J. K., Andrews, N. W., and Simon, S. M. (2002). Membrane proximal lysosomes are the major vesicles responsible for calcium-dependent exocytosis in nonsecretory cells. *J Cell Biol* **159**, 625-35.

Jaiswal, J. K., Chakrabarti, S., Andrews, N. W., and Simon, S. M. (2004). Synaptotagmin VII restricts fusion pore expansion during lysosomal exocytosis. *PLoS Biol* **2**, E233.

Jaiswal, J. K., Marlow, G., Summerill, G., Mahjneh, I., Mueller, S., et al. (2007). Patients with a non-dysferlin Miyoshi myopathy have a novel membrane repair defect. *Traffic* **8**, 77-88.

Jarousse, N., Wilson, J. D., Arac, D., Rizo, J., and Kelly, R. B. (2003). Endocytosis of synaptotagmin 1 is mediated by a novel, tryptophan-containing motif. *Traffic* **4**, 468-78.

Jarry, J., Rioux, M. F., Bolduc, V., Robitaille, Y., Khoury, V., et al. (2007). A novel autosomal recessive limb-girdle muscular dystrophy with quadriceps atrophy maps to 11p13-p12. *Brain* **130**, 368-80.

Jethwaney, D., Islam, M. R., Leidal, K. G., de Bernabe, D. B., Campbell, K. P., et al. (2007). Proteomic analysis of plasma membrane and secretory vesicles from human neutrophils. *Proteome Sci* **5**, 12.

Jia, Z., Petrounevitch, V., Wong, A., Moldoveanu, T., Davies, P. L., et al. (2001). Mutations in calpain 3 associated with limb girdle muscular dystrophy: analysis by molecular modeling and by mutation in m-calpain. *Biophys J* **80**, 2590-6.

Johnson, J. S., and Samulski, R. J. (2009). Enhancement of adeno-associated virus infection by mobilizing capsids into and out of the nucleolus. *J Virol* **83**, 2632-44.

Kafri, T., van Praag, H., Ouyang, L., Gage, F. H., and Verma, I. M. (1999). A packaging cell line for lentivirus vectors. *J Virol* **73**, 576-84.

Kalman, M., and Szabo, A. (2001). Immunohistochemical investigation of actin-anchoring proteins vinculin, talin and paxillin in rat brain following lesion: a moderate reaction, confined to the astroglia of brain tracts. *Exp Brain Res* **139**, 426-34.

Karpati, G., Pouliot, Y., and Carpenter, S. (1988). Expression of immunoreactive major histocompatibility complex products in human skeletal muscles. *Ann Neurol* **23**, 64-72.

Kerem, E., Hirawat, S., Armoni, S., Yaakov, Y., Shoseyov, D., et al. (2008). Effectiveness of

PTC124 treatment of cystic fibrosis caused by nonsense mutations: a prospective phase II trial. *Lancet* **372**, 719-27.

Kesari, A., Fukuda, M., Knoblach, S., Bashir, R., Nader, G. A., et al. (2008). Dysferlin deficiency shows compensatory induction of Rab27A/Slp2a that may contribute to inflammatory onset. *Am J Pathol* **173**, 1476-87.

Kitsis, R. N., and Molkentin, J. D. (2010). Apoptotic cell death "Nixed" by an ER-mitochondrial necrotic pathway. *Proc Natl Acad Sci U S A* **107**, 9031-2.

Klinge, L., Aboumousa, A., Eagle, M., Hudson, J., Sarkozy, A., et al. (2010a). New aspects on patients affected by dysferlin deficient muscular dystrophy. *J Neurol Neurosurg Psychiatry* **81**, 946-53.

Klinge, L., Harris, J., Sewry, C., Charlton, R., Anderson, L., et al. (2010b). Dysferlin associates with the developing T-tubule system in rodent and human skeletal muscle. *Muscle Nerve* **41**, 166-73.

Klinge, L., Laval, S., Keers, S., Haldane, F., Straub, V., et al. (2007). From T-tubule to sarcolemma: damage-induced dysferlin translocation in early myogenesis. *Faseb J* **21**, 1768-76.

Kousoulidou, L., Parkel, S., Zilina, O., Palta, P., Puusepp, H., et al. (2007). Screening of 20 patients with X-linked mental retardation using chromosome X-specific array-MAPH. *Eur J Med Genet* **50**, 399-410.

Krahn, M., Beroud, C., Labelle, V., Nguyen, K., Bernard, R., et al. (2009a). Analysis of the DYSF mutational spectrum in a large cohort of patients. *Hum Mutat* **30**, E345-75.

Krahn, M., Borges, A., Navarro, C., Schuit, R., Stojkovic, T., et al. (2009b). Identification of different genomic deletions and one duplication in the dysferlin gene using multiplex ligation-dependent probe amplification and genomic quantitative PCR. *Genet Test Mol Biomarkers* **13**, 439-42.

Krahn, M., Labelle, V., Borges, A., Bartoli, M., and Levy, N.

(2010a). Exclusion of mutations in the dysferlin alternative exons 1 of DYSF-v1, 5a, and 40a in a cohort of 26 patients. *Genet Test Mol Biomarkers* **14**, 153-4.

Krahn, M., Wein, N., Bartoli, M., Lostal, W., Courrier, S., et al. (2010b). A naturally occurring human minidysferlin protein repairs sarcolemmal lesions in a mouse model of dysferlinopathy. *Sci Transl Med* **2**, 50ra69.

Krause, T. L., Fishman, H. M., Ballinger, M. L., and Bittner, G. D. (1994a). Extent and mechanism of sealing in transected giant axons of squid and earthworms. *J Neurosci* **14**, 6638-51.

Krause, T. L., Fishman, H. M., and Bittner, G. D. (1994b). Axolemmal and septal conduction in the impedance of the earthworm medial giant nerve fiber. *Biophys J* **67**, 692-5.

Kunkel, L. M., Hejtmancik, J. F., Caskey, C. T., Speer, A., Monaco, A. P., et al. (1986). Analysis of deletions in DNA from patients with Becker and Duchenne muscular dystrophy. *Nature* **322**, 73-7.

Lai, Y., Yue, Y., Liu, M., Ghosh, A., Engelhardt, J. F., et al. (2005). Efficient in vivo gene expression by trans-splicing adeno-associated viral vectors. *Nat Biotechnol* **23**, 1435-9.

Lamaze, A. B. e. C. (2002). Endocytose : chaque voie compte ! *Medecine/Science* **18**, 1126-1136.

Laure, L., Daniele, N., Suel, L., Marchand, S., Aubert, S., et al. (2010). A new pathway encompassing calpain 3 and its newly identified substrate cardiac ankyrin repeat protein is involved in the regulation of the nuclear factor-kappaB pathway in skeletal muscle. *Febs J*.

Lee, E., Marcucci, M., Daniell, L., Pypaert, M., Weisz, O. A., et al. (2002). Amphiphysin 2 (Bin1) and T-tubule biogenesis in muscle. *Science* **297**, 1193-6.

Lee, S. J., and McPherron, A. C. (2001). Regulation of myostatin activity and muscle growth. *Proc Natl Acad Sci U S A* **98**, 9306-11.

Lek, A., Lek, M., North, K. N., and Cooper, S. T. (2010). Phylogenetic analysis of ferlin genes reveals ancient eukaryotic origins. *BMC Evol Biol* **10,** 231.

Lemasters, J. J., Theruvath, T. P., Zhong, Z., and Nieminen, A. L. (2009). Mitochondrial calcium and the permeability transition in cell death. *Biochim Biophys Acta* **1787,** 1395-401.

Lennon, N. J., Kho, A., Bacskai, B. J., Perlmutter, S. L., Hyman, B. T., et al. (2003). Dysferlin interacts with annexins A1 and A2 and mediates sarcolemmal wound-healing. *J Biol Chem* **278,** 50466-73.

Lerario, A., Cogiamanian, F., Marchesi, C., Belicchi, M., Bresolin, N., et al. (2010). Effects of rituximab in two patients with dysferlin-deficient muscular dystrophy. *BMC Musculoskelet Disord* **11,** 157.

Leshinsky-Silver, E., Argov, Z., Rozenboim, L., Cohen, S., Tzofi, Z., et al. (2007). Dysferlinopathy in the Jews of the Caucasus: a frequent mutation in the dysferlin gene. *Neuromuscul Disord* **17,** 950-4.

Levy, N., Wein, N., Barthelemy, F., Mouly, V., Garcia, L., et al. (2010). Therapeutic exon 'switching' for dysferlinopathies? *Eur J Hum Genet* **18,** 969-70; author reply 971.

Li, M., Dickson, D. W., and Spiro, A. J. (1998). Sarcolemmal defect and subsarcolemmal lesion in a patient with gamma-sarcoglycan deficiency. *Neurology* **50,** 807-9.

Liemann, S., and Lewit-Bentley, A. (1995). Annexins: a novel family of calcium- and membrane-binding proteins in search of a function. *Structure* **3,** 233-7.

Linssen, W. H., de Visser, M., Notermans, N. C., Vreyling, J. P., Van Doorn, P. A., et al. (1998). Genetic heterogeneity in Miyoshi-type distal muscular dystrophy. *Neuromuscul Disord* **8,** 317-20.

Lolmede, K., Campana, L., Vezzoli, M., Bosurgi, L., Tonlorenzi, R., et al. (2009). Inflammatory and alternatively activated human macrophages attract vessel-associated stem cells, relying on separate HMGB1- and MMP-9-dependent pathways. *J Leukoc Biol* **85**, 779-87.

Lorson, C. L., Hahnen, E., Androphy, E. J., and Wirth, B. (1999). A single nucleotide in the SMN gene regulates splicing and is responsible for spinal muscular atrophy. *Proc Natl Acad Sci U S A* **96**, 6307-11.

Lorson, C. L., Strasswimmer, J., Yao, J. M., Baleja, J. D., Hahnen, E., et al. (1998). SMN oligomerization defect correlates with spinal muscular atrophy severity. *Nat Genet* **19**, 63-6.

Lorusso, A., Covino, C., Priori, G., Bachi, A., Meldolesi, J., et al. (2006). Annexin2 coating the surface of enlargeosomes is needed for their regulated exocytosis. *Embo J* **25**, 5443-56.

Lostal, W., Bartoli, M., Bourg, N., Roudaut, C., Bentaib, A., et al. Efficient recovery of dysferlin deficiency by dual adeno-associated vector-mediated gene transfer.

Hum Mol Genet **19**, 1897-907.

Lostal, W., Bartoli, M., Bourg, N., Roudaut, C., Bentaib, A., et al. (2010). Efficient recovery of dysferlin deficiency by dual adeno-associated vector-mediated gene transfer. *Hum Mol Genet* **19**, 1897-907.

Lovering, R. M., Roche, J. A., Bloch, R. J., and De Deyne, P. G. (2007). Recovery of function in skeletal muscle following 2 different contraction-induced injuries. *Arch Phys Med Rehabil* **88**, 617-25.

Lu, Q. L., Mann, C. J., Lou, F., Bou-Gharios, G., Morris, G. E., et al. (2003). Functional amounts of dystrophin produced by skipping the mutated exon in the mdx dystrophic mouse. *Nat Med* **9**, 1009-14.

Lu, Q. L., Rabinowitz, A., Chen, Y. C., Yokota, T., Yin, H., et al. (2005). Systemic delivery of antisense oligoribonucleotide restores dystrophin expression in body-wide skeletal muscles. *Proc Natl Acad Sci U S A* **102**, 198-203.

Lugtenberg, D., de Brouwer, A. P., Kleefstra, T., Oudakker, A. R., Frints, S. G., et al. (2006). Chromosomal copy number changes in patients with non-syndromic X linked mental retardation detected by array CGH. *J Med Genet* **43**, 362-70.

Lynch, K. L., Gerona, R. R., Larsen, E. C., Marcia, R. F., Mitchell, J. C., et al. (2007). Synaptotagmin C2A loop 2 mediates Ca2+-dependent SNARE interactions essential for Ca2+-triggered vesicle exocytosis. *Mol Biol Cell* **18**, 4957-68.

Mahjneh, I., Marconi, G., Bushby, K., Anderson, L. V., Tolvanen-Mahjneh, H., et al. (2001). Dysferlinopathy (LGMD2B): a 23-year follow-up study of 10 patients homozygous for the same frameshifting dysferlin mutations. *Neuromuscul Disord* **11**, 20-6.

Mailliard, W. S., Haigler, H. T., and Schlaepfer, D. D. (1996). Calcium-dependent binding of S100C to the N-terminal domain of annexin I. *J Biol Chem* **271**, 719-25.

Mandato, C. A., and Bement, W. M. (2001). Contraction and polymerization cooperate to assemble and close actomyosin rings around Xenopus oocyte wounds. *J Cell Biol* **154**, 785-97.

Mann, C. J., Honeyman, K., Cheng, A. J., Ly, T., Lloyd, F., et al. (2001). Antisense-induced exon skipping and synthesis of dystrophin in the mdx mouse. *Proc Natl Acad Sci U S A* **98**, 42-7.

Mann, R., Mulligan, R. C., and Baltimore, D. (1983). Construction of a retrovirus packaging mutant and its use to produce helper-free defective retrovirus. *Cell* **33**, 153-9.

Marquis, J., Meyer, K., Angehrn, L., Kampfer, S. S., Rothen-Rutishauser, B., et al. (2007). Spinal muscular atrophy: SMN2 pre-mRNA splicing corrected by a U7 snRNA derivative carrying a splicing enhancer sequence. *Mol Ther* **15**, 1479-86.

Matsubara, S., Kitaguchi, T., Kawata, A., Miyamoto, K., Yagi, H., et al. (2001). Experimental allergic myositis in SJL/J mouse. Reappraisal of immune reaction based on changes after single immunization. *J Neuroimmunol* **119,** 223-30.

Matsuda, C., Hayashi, Y. K., Ogawa, M., Aoki, M., Murayama, K., et al. (2001). The sarcolemmal proteins dysferlin and caveolin-3 interact in skeletal muscle. *Hum Mol Genet* **10,** 1761-6.

Matsuda, C., Kameyama, K., Tagawa, K., Ogawa, M., Suzuki, A., et al. (2005). Dysferlin interacts with affixin (beta-parvin) at the sarcolemma. *J Neuropathol Exp Neurol* **64,** 334-40.

Matsumoto, T., Akutsu, S., Wakana, N., Morito, M., Shimada, A., et al. (2006). The expressions of insulin-like growth factors, their receptors, and binding proteins are related to the mechanism regulating masseter muscle mass in the rat. *Arch Oral Biol* **51,** 603-11.

Mayorga, L. S., Beron, W., Sarrouf, M. N., Colombo, M. I., Creutz, C., et al. (1994). Calcium-dependent fusion among endosomes. *J Biol Chem* **269,** 30927-34.

McCarty, D. M., Young, S. M., Jr., and Samulski, R. J. (2004). Integration of adeno-associated virus (AAV) and recombinant AAV vectors. *Annu Rev Genet* **38,** 819-45.

McNally, E. M., Ly, C. T., Rosenmann, H., Mitrani Rosenbaum, S., Jiang, W., et al. (2000). Splicing mutation in dysferlin produces limb-girdle muscular dystrophy with inflammation. *Am J Med Genet* **91,** 305-12.

McNeil, A. K., Rescher, U., Gerke, V., and McNeil, P. L. (2006). Requirement for annexin A1 in plasma membrane repair. *J Biol Chem* **281,** 35202-7.

McNeil, P. (2009). Membrane repair redux: redox of MG53. *Nat Cell Biol* **11,** 7-9.

McNeil, P. L. (2002). Repairing a torn cell surface: make way, lysosomes to the rescue. *J Cell Sci* **115,** 873-9.

McNeil, P. L., and Baker, M. M. (2001). Cell surface events during resealing visualized by scanning-electron microscopy. *Cell Tissue Res* **304,** 141-6.

McNeil, P. L., and Khakee, R. (1992). Disruptions of muscle fiber plasma membranes. Role in exercise-induced damage. *Am J Pathol* **140,** 1097-109.

McNeil, P. L., and Kirchhausen, T. (2005). An emergency response team for membrane repair. *Nat Rev Mol Cell Biol* **6,** 499-505.

McNeil, P. L., Miyake, K., and Vogel, S. S. (2003). The endomembrane requirement for cell surface repair. *Proc Natl Acad Sci U S A* **100,** 4592-7.

McNeil, P. L., and Steinhardt, R. A. (2003). Plasma membrane disruption: repair, prevention, adaptation. *Annu Rev Cell Dev Biol* **19,** 697-731.

McNeil, P. L., and Terasaki, M. (2001). Coping with the inevitable: how cells repair a torn surface membrane. *Nat Cell Biol* **3,** E124-9.

McNeil, P. L., Vogel, S. S., Miyake, K., and Terasaki, M. (2000). Patching plasma membrane disruptions with cytoplasmic membrane. *J Cell Sci* **113 (Pt 11),** 1891-902.

Meldolesi, J. (2003). Surface wound healing: a new, general function of eukaryotic cells. *J Cell Mol Med* **7,** 197-203.

Melzer, W., Herrmann-Frank, A., and Luttgau, H. C. (1995). The role of Ca2+ ions in excitation-contraction coupling of skeletal muscle fibres. *Biochim Biophys Acta* **1241,** 59-116.

Metzker, M. L. (2010). Sequencing technologies - the next generation. *Nat Rev Genet* **11,** 31-46.

Millay, D. P., Goonasekera, S. A., Sargent, M. A., Maillet, M., Aronow, B. J., et al. (2009a). Calcium influx is sufficient to induce muscular dystrophy through a TRPC-dependent mechanism. *Proc Natl Acad Sci U S A* **106,** 19023-8.

Millay, D. P., Maillet, M., Roche, J. A., Sargent, M. A., McNally, E. M., et al. (2009b). Genetic manipulation of dysferlin expression in skeletal muscle: novel insights into muscular dystrophy. *Am J Pathol* **175,** 1817-23.

Millay, D. P., Sargent, M. A., Osinska, H., Baines, C. P., Barton, E. R., et al. (2008).

Genetic and pharmacologic inhibition of mitochondrial-dependent necrosis attenuates muscular dystrophy. *Nat Med* **14**, 442-7.

Minetti, C., Bado, M., Broda, P., Sotgia, F., Bruno, C., et al. (2002). Impairment of caveolae formation and T-system disorganization in human muscular dystrophy with caveolin-3 deficiency. *Am J Pathol* **160**, 265-70.

Mistry, A. C., Mallick, R., Klein, J. D., Weimbs, T., Sands, J. M., et al. (2009). Syntaxin specificity of aquaporins in the inner medullary collecting duct. *Am J Physiol Renal Physiol* **297**, F292-300.

Miyake, K., and McNeil, P. L. (1995). Vesicle accumulation and exocytosis at sites of plasma membrane disruption. *J Cell Biol* **131**, 1737-45.

Miyake, K., McNeil, P. L., Suzuki, K., Tsunoda, R., and Sugai, N. (2001). An actin barrier to resealing. *J Cell Sci* **114**, 3487-94.

Miyoshi, K., Saijo, K., Kuryu, Y., and Oshima, Y. (1963). Abnormal Myoglobin Ultraviolet Spectrum in Duchenne Type of Progressive Muscular Dystrophy. *Science* **142**, 490-1.

Moore, K. G., Goulet, F., and Sartorelli, A. C. (1992). Purification of annexin I and annexin II from human placental membranes by high-performance liquid chromatography. *Protein Expr Purif* **3**, 1-7.

Moore, S. A., Shilling, C. J., Westra, S., Wall, C., Wicklund, M. P., et al. (2006). Limb-girdle muscular dystrophy in the United States. *J Neuropathol Exp Neurol* **65**, 995-1003.

Morioka, D., Kubota, T., Sekido, H., Matsuo, K., Saito, S., et al. (2003). Prostaglandin E1 improved the function of transplanted fatty liver in a rat reduced-size-liver transplantation model under conditions of permissible cold preservation. *Liver Transpl* **9**, 79-86.

Mosser, J., Douar, A. M., Sarde, C. O., Kioschis, P., Feil, R., et al. (1993). Putative X-linked adrenoleukodystrophy gene shares unexpected homology with ABC transporters. *Nature* **361,** 726-30.

Mouly, V., Aamiri, A., Perie, S., Mamchaoui, K., Barani, A., et al. (2005). Myoblast transfer therapy: is there any light at the end of the tunnel? *Acta Myol* **24,** 128-33.

Muller, A. J., Baker, J. F., DuHadaway, J. B., Ge, K., Farmer, G., et al. (2003). Targeted disruption of the murine Bin1/Amphiphysin II gene does not disable endocytosis but results in embryonic cardiomyopathy with aberrant myofibril formation. *Mol Cell Biol* **23,** 4295-306.

Muntoni, F., Bushby, K. D., and van Ommen, G. (2008). 149th ENMC International Workshop and 1st TREAT-NMD Workshop on: "planning phase i/ii clinical trials using systemically delivered antisense oligonucleotides in duchenne muscular dystrophy". *Neuromuscul Disord* **18,** 268-75.

Murphy, R. M., Mollica, J. P., and Lamb, G. D. (2009). Plasma membrane removal in rat skeletal muscle fibers reveals caveolin-3 hot-spots at the necks of transverse tubules. *Exp Cell Res* **315,** 1015-28.

Nagaraju, K., Rawat, R., Veszelovszky, E., Thapliyal, R., Kesari, A., et al. (2008). Dysferlin deficiency enhances monocyte phagocytosis: a model for the inflammatory onset of limb-girdle muscular dystrophy 2B. *Am J Pathol* **172,** 774-85.

Nakagawa, M., Matsuzaki, T., Suehara, M., Kanzato, N., Takashima, H., et al. (2001). Phenotypic variation in a large Japanese family with Miyoshi myopathy with nonsense mutation in exon 19 of dysferlin gene. *J Neurol Sci* **184,** 15-9.

Nakamura, A., Yoshida, K., and Ikeda, S. (2004). Late-onset autosomal recessive limb-girdle muscular dystrophy with rimmed vacuoles. *Clin Neurol Neurosurg* **106,** 122-8.

Naldini, L., Blomer, U., Gallay, P., Ory, D., Mulligan, R., et al. (1996). In vivo gene delivery and stable transduction of nondividing cells by a lentiviral vector. *Science* **272**, 263-7.

Nalefski, E. A., and Falke, J. J. (1996). The C2 domain calcium-binding motif: structural and functional diversity. *Protein Sci* **5**, 2375-90.

Namy, O., Hatin, I., and Rousset, J. P. (2001). Impact of the six nucleotides downstream of the stop codon on translation termination. *EMBO Rep* **2**, 787-93.

Negroni, E., Riederer, I., Chaouch, S., Belicchi, M., Razini, P., et al. (2009). In vivo myogenic potential of human CD133+ muscle-derived stem cells: a quantitative study. *Mol Ther* **17**, 1771-8.

Nelson, G. A., and Ward, S. (1980). Vesicle fusion, pseudopod extension and amoeboid motility are induced in nematode spermatids by the ionophore monensin. *Cell* **19**, 457-64.

Nguyen, K., Bassez, G., Bernard, R., Krahn, M., Labelle, V., et al. (2005). Dysferlin mutations in LGMD2B, Miyoshi myopathy, and atypical dysferlinopathies. *Hum Mutat* **26**, 165.

Nguyen, K., Bassez, G., Krahn, M., Bernard, R., Laforet, P., et al. (2007). Phenotypic study in 40 patients with dysferlin gene mutations: high frequency of atypical phenotypes. *Arch Neurol* **64**, 1176-82.

Nie, Z., Ning, W., Amagai, M., and Hashimoto, T. (2000). C-Terminus of desmoyokin/AHNAK protein is responsible for its translocation between the nucleus and cytoplasm. *J Invest Dermatol* **114**, 1044-9.

Ninomiya, Y., Kishimoto, T., Miyashita, Y., and Kasai, H. (1996). Ca2+-dependent exocytotic pathways in Chinese hamster ovary fibroblasts revealed by a caged-Ca2+ compound. *J Biol Chem* **271**, 17751-4.

Nonaka, I. (1999). Distal myopathies. *Curr Opin Neurol* **12**, 493-9.

Okahashi, S., Ogawa, G., Suzuki, M., Ogata, K., Nishino, I., et al. (2008). Asymptomatic sporadic dysferlinopathy presenting with elevation of serum creatine kinase. Typical distribution of muscle involvement shown by MRI but not by CT. *Intern Med* **47,** 305-7.

Osborn, S. L., Diehl, G., Han, S. J., Xue, L., Kurd, N., et al. (2010). Fas-associated death domain (FADD) is a negative regulator of T-cell receptor-mediated necroptosis. *Proc Natl Acad Sci U S A* **107,** 13034-9.

Pangrsic, T., Lasarow, L., Reuter, K., Takago, H., Schwander, M., et al. (2010). Hearing requires otoferlin-dependent efficient replenishment of synaptic vesicles in hair cells. *Nat Neurosci* **13,** 869-76.

Paradas, C., Gonzalez-Quereda, L., De Luna, N., Gallardo, E., Garcia-Consuegra, I., et al. (2009). A new phenotype of dysferlinopathy with congenital onset. *Neuromuscul Disord* **19,** 21-5.

Paradas, C., Llauger, J., Diaz-Manera, J., Rojas-Garcia, R., De Luna, N., et al. (2010). Redefining dysferlinopathy phenotypes based on clinical findings and muscle imaging studies. *Neurology* **75,** 316-23.

Parsegian, V. A., Rand, R. P., and Gingell, D. (1984). Lessons for the study of membrane fusion from membrane interactions in phospholipid systems. *Ciba Found Symp* **103,** 9-27.

Parsegian, V. A., and Rau, D. C. (1984). Water near intracellular surfaces. *J Cell Biol* **99,** 196s-200s.

Parton, R. G., Way, M., Zorzi, N., and Stang, E. (1997). Caveolin-3 associates with developing T-tubules during muscle differentiation. *J Cell Biol* **136,** 137-54.

Patel, P., Harris, R., Geddes, S. M., Strehle, E. M., Watson, J. D., et al. (2008). Solution structure of the inner DysF domain of myoferlin and implications for limb girdle muscular dystrophy type 2b. *J Mol Biol* **379,** 981-90.

Peltz, S. W., Welch, E. M., Jacobson, A., Trotta, C. R., Naryshkin, N., et al. (2009). Nonsense suppression activity of PTC124 (ataluren). *Proc Natl Acad Sci U S A* **106,** E64; author reply E65.

Penaud-Budloo, M., Le Guiner, C., Nowrouzi, A., Toromanoff, A., Cherel, Y., et al. (2008).

Adeno-associated virus vector genomes persist as episomal chromatin in primate muscle. *J Virol* **82,** 7875-85.

Perkins, K. J., and Davies, K. E. (2002). The role of utrophin in the potential therapy of Duchenne muscular dystrophy. *Neuromuscul Disord* **12 Suppl 1,** S78-89.

Piccolo, F., Moore, S. A., Ford, G. C., and Campbell, K. P. (2000). Intracellular accumulation and reduced sarcolemmal expression of dysferlin in limb--girdle muscular dystrophies. *Ann Neurol* **48,** 902-12.

Pichavant, C., Chapdelaine, P., Cerri, D. G., Dominique, J. C., Quenneville, S. P., et al. (2010). Expression of dog microdystrophin in mouse and dog muscles by gene therapy. *Mol Ther* **18,** 1002-9.

Pifferi, S., Dibattista, M., and Menini, A. (2009). TMEM16B induces chloride currents activated by calcium in mammalian cells. *Pflugers Arch* **458,** 1023-38.

Piluso, G., Politano, L., Aurino, S., Fanin, M., Ricci, E., et al.

(2005). Extensive scanning of the calpain-3 gene broadens the spectrum of LGMD2A phenotypes. *J Med Genet* **42,** 686-93.

Pimentel, L. H., Alcantara, R. N., Fontenele, S. M., Costa, C. M., and Gondim Fde, A. (2008). Limb-girdle muscular dystrophy type 2B mimicking polymyositis. *Arq Neuropsiquiatr* **66,** 80-2.

Pozzoli, U., Sironi, M., Cagliani, R., Comi, G. P., Bardoni, A., et al. (2002). Comparative analysis of the human dystrophin and utrophin gene structures. *Genetics* **160,** 793-8.

Pramono, Z. A., Lai, P. S., Tan, C. L., Takeda, S., and Yee, W. C. (2006). Identification and characterization of a novel human dysferlin transcript: dysferlin_v1. *Hum Genet* **120,** 410-9.

Pramono, Z. A., Tan, C. L., Seah, I. A., See, J. S., Kam, S. Y., et al. (2009). Identification and characterisation of human dysferlin transcript variants: implications for dysferlin mutational screening and isoforms. *Hum Genet* **125,** 413-20.

Prayle, A., and Smyth, A. R. (2010). Aminoglycoside use in cystic fibrosis: therapeutic strategies and toxicity. *Curr Opin Pulm Med* **16**, 604-10.

Progida, C., Cogli, L., Piro, F., De Luca, A., Bakke, O., et al. (2010). Rab7b controls trafficking from endosomes to the TGN. *J Cell Sci* **123**, 1480-91.

Pruchnic, R., Cao, B., Peterson, Z. Q., Xiao, X., Li, J., et al. (2000). The use of adeno-associated virus to circumvent the maturation-dependent viral transduction of muscle fibers. *Hum Gene Ther* **11**, 521-36.

Puttaraju, M., Jamison, S. F., Mansfield, S. G., Garcia-Blanco, M. A., and Mitchell, L. G. (1999). Spliceosome-mediated RNA trans-splicing as a tool for gene therapy. *Nat Biotechnol* **17**, 246-52.

Racchetti, G., Lorusso, A., Schulte, C., Gavello, D., Carabelli, V., et al. (2010). Rapid neurite outgrowth in neurosecretory cells and neurons is sustained by the exocytosis of a cytoplasmic organelle, the enlargeosome. *J Cell Sci* **123**, 165-70.

Raikhel, A. S. (1987). Monoclonal antibodies as probes for processing of the mosquito yolk protein; a high-resolution immunolocalization of secretory and accumulative pathways. *Tissue Cell* **19**, 515-29.

Rand, R. P., and Parsegian, V. A. (1984). Physical force considerations in model and biological membranes. *Can J Biochem Cell Biol* **62**, 752-9.

Rando, T. A. (2007). Non-viral gene therapy for Duchenne muscular dystrophy: progress and challenges. *Biochim Biophys Acta* **1772**, 263-71.

Rao, S. K., Huynh, C., Proux-Gillardeaux, V., Galli, T., and Andrews, N. W. (2004). Identification of SNAREs involved in synaptotagmin VII-regulated lysosomal exocytosis. *J Biol Chem* **279**, 20471-9.

Raucher, D., and Sheetz, M. P. (2000). Cell spreading and lamellipodial extension rate is regulated by membrane tension. *J Cell Biol* **148**, 127-36.

Raucher, D., Stauffer, T., Chen, W., Shen, K., Guo, S., et al. (2000). Phosphatidylinositol 4,5-bisphosphate functions as a second messenger that regulates cytoskeleton-plasma membrane adhesion. *Cell* **100**, 221-8.

Rawat, R., Cohen, T. V., Ampong, B., Francia, D., Henriques-Pons, A., et al. (2010). Inflammasome up-regulation and activation in dysferlin-deficient skeletal muscle. *Am J Pathol* **176**, 2891-900.

Rayavarapu, S., Van der meulen, J. H., Gordish-Dressman, J., Hoffman, E. P., Nagaraju, K., et al. (2010). Characterization of Dysferlin Deficient SJL/J Mice to Assess Preclinical Drug Efficacy: Fasudil Exacerbates Muscle Disease Phenotype. *Plos one* **5**, 12981.

Raynal, P., and Pollard, H. B. (1994). Annexins: the problem of assessing the biological role for a gene family of multifunctional calcium- and phospholipid-binding proteins. *Biochim Biophys Acta* **1197**, 63-93.

Reddy, A., Caler, E. V., and Andrews, N. W. (2001). Plasma membrane repair is mediated by Ca(2+)-regulated exocytosis of lysosomes. *Cell* **106**, 157-69.

Renneberg, D., Bouliong, E., Reber, U., Schumperli, D., and Leumann, C. J. (2002). Antisense properties of tricyclo-DNA. *Nucleic Acids Res* **30**, 2751-7.

Rescher, U., Ruhe, D., Ludwig, C., Zobiack, N., and Gerke, V. (2004). Annexin 2 is a phosphatidylinositol (4,5)-bisphosphate binding protein recruited to actin assembly sites at cellular membranes. *J Cell Sci* **117**, 3473-80.

Rezvanpour, A., and Shaw, G. S. (2009). Unique S100 target protein interactions. *Gen Physiol Biophys* **28 Spec No Focus,** F39-46.

Richard, I., Roudaut, C., Marchand, S., Baghdiguian, S., Herasse, M., et al. (2000). Loss of calpain 3 proteolytic activity leads to muscular dystrophy and to apoptosis-associated IkappaBalpha/nuclear factor kappaB pathway perturbation in mice. *J Cell Biol* **151**, 1583-90.

Rintala-Dempsey, A. C., Rezvanpour, A., and Shaw, G. S. (2008). S100-annexin complexes--structural insights. *Febs J* **275**, 4956-66.

Roberts, T. M., Pavalko, F. M., and Ward, S. (1986). Membrane and cytoplasmic proteins are transported in the same organelle complex during nematode spermatogenesis. *J Cell Biol* **102**, 1787-96.

Robinson, J. M., Ackerman, W. E. t., Behrendt, N. J., and Vandre, D. D. (2009). While dysferlin and myoferlin are coexpressed in the human placenta, only dysferlin expression is responsive to trophoblast fusion in model systems. *Biol Reprod* **81**, 33-9.

Roche, J. A., Lovering, R. M., and Bloch, R. J. (2008). Impaired recovery of dysferlin-null skeletal muscle after contraction-induced injury in vivo. *Neuroreport* **19**, 1579-84.

Roche, J. A., Lovering, R. M., Roche, R., Ru, L. W., Reed, P. W., et al. (2010). Extensive mononuclear infiltration and myogenesis characterize recovery of dysferlin-null skeletal muscle from contraction-induced injuries. *Am J Physiol Cell Physiol* **298**, C298-312.

Rosales, X. Q., Gastier-Foster, J. M., Lewis, S., Vinod, M., Thrush, D. L., et al. (2010). Novel diagnostic features of dysferlinopathies. *Muscle Nerve* **42**, 14-21.

Rouger, K., Louboutin, J. P., Villanova, M., Cherel, Y., and Fardeau, M. (2001). X-linked vacuolated myopathy : TNF-alpha and IFN-gamma expression in muscle fibers with MHC class I on sarcolemma. *Am J Pathol* **158**, 355-9.

Roux, I., Safieddine, S., Nouvian, R., Grati, M., Simmler, M. C., et al. (2006). Otoferlin, defective in a human deafness form, is essential for exocytosis at the auditory ribbon synapse. *Cell* **127**, 277-89.

Rutledge, E. A., Halbert, C. L., and Russell, D. W. (1998). Infectious clones and vectors derived from adeno-associated virus (AAV) serotypes other than

AAV type 2. *J Virol* **72**, 309-19.

Saillour, Y., Cossee, M., Leturcq, F., Vasson, A., Beugnet, C., et al. (2008). Detection of exonic copy-number changes using a highly efficient oligonucleotide-based comparative genomic hybridization-array method. *Hum Mutat* **29**, 1083-90.

Saito, T., Akutsu, S., Urushiyama, T., Ishibashi, K., Nakagawa, Y., et al. (2003). Changes in the mRNA expressions of insulin-like growth factors, their receptors, and binding proteins during the postnatal development of rat masseter muscle. *Zoolog Sci* **20**, 441-7.

Sakamoto, M., Yuasa, K., Yoshimura, M., Yokota, T., Ikemoto, T., et al. (2002). Micro-dystrophin cDNA ameliorates dystrophic phenotypes when introduced into mdx mice as a transgene. *Biochem Biophys Res Commun* **293**, 1265-72.

Salani, S., Lucchiari, S., Fortunato, F., Crimi, M., Corti, S., et al. (2004). Developmental and tissue-specific regulation of a novel dysferlin isoform. *Muscle Nerve* **30**, 366-74.

Sampaolesi, M., Blot, S., D'Antona, G., Granger, N., Tonlorenzi, R., et al. (2006). Mesoangioblast stem cells ameliorate muscle function in dystrophic dogs. *Nature* **444**, 574-9.

Sampaolesi, M., Torrente, Y., Innocenzi, A., Tonlorenzi, R., D'Antona, G., et al. (2003). Cell therapy of alpha-sarcoglycan null dystrophic mice through intra-arterial delivery of mesoangioblasts. *Science* **301**, 487-92.

Scaffidi, P., and Misteli, T. (2005). Reversal of the cellular phenotype in the premature aging disease Hutchinson-Gilford progeria syndrome. *Nat Med* **11**, 440-5.

Schapire, A. L., Valpuesta, V., and Botella, M. A. (2009). Plasma membrane repair in plants. *Trends Plant Sci* **14**, 645-52.

Schieber, N. L., Nixon, S. J., Webb, R. I., Oorschot, V. M., and Parton, R. G. (2010). Modern approaches for ultrastructural analysis of the zebrafish embryo.

Methods Cell Biol **96,** 425-42.

Schoch, S., and Gundelfinger, E. D. (2006). Molecular organization of the presynaptic active zone. *Cell Tissue Res* **326,** 379-91.

Schouten, J. P., McElgunn, C. J., Waaijer, R., Zwijnenburg, D., Diepvens, F., et al. (2002). Relative quantification of 40 nucleic acid sequences by multiplex ligation-dependent probe amplification. *Nucleic Acids Res* **30,** e57.

Schumperli, D., Albrecht, U., Koning, T. W., Melin, L., Soldati, D., et al. (1990). Biochemical studies of U7 snRNPs and of histone RNA 3' processing. *Mol Biol Rep* **14,** 205-6.

Schumperli, D., and Pillai, R. S. (2004). The special Sm core structure of the U7 snRNP: far-reaching significance of a small nuclear ribonucleoprotein. *Cell Mol Life Sci* **61,** 2560-70.

Seaton, B. A., and Dedman, J. R. (1998). Annexins. *Biometals* **11,** 399-404.

Selcen, D., Stilling, G., and Engel, A. G. (2001). The earliest pathologic alterations in

dysferlinopathy. *Neurology* **56,** 1472-81.

Selva-O'Callaghan, A., Labrador-Horrillo, M., Gallardo, E., Herruzo, A., Grau-Junyent, J. M., et al. (2006). Muscle inflammation, autoimmune Addison's disease and sarcoidosis in a patient with dysferlin deficiency. *Neuromuscul Disord* **16,** 208-9.

Semmler, A., Kohler, W., Jung, H. H., Weller, M., and Linnebank, M. (2008). Therapy of X-linked adrenoleukodystrophy. *Expert Rev Neurother* **8,** 1367-79.

Seror, P., Krahn, M., Laforet, P., Leturcq, F., and Maisonobe, T. (2008). Complete fatty degeneration of lumbar erector spinae muscles caused by a primary dysferlinopathy. *Muscle Nerve* **37,** 410-4.

Serratrice, G., Pellissier, J. F., N'Guyen, V., Attarian, S., and Pouget, J. (2002). [Dysferlinopathy. Example of a new myopathy]. *Bull Acad Natl Med* **186,** 1025-32; discussion 1033-4.

Severs, N. J. (1988). Caveolae: static inpocketings of the

plasma membrane, dynamic vesicles or plain artifact? *J Cell Sci* **90 (Pt 3)**, 341-8.

Shen, W., Li, Y., Zhu, J., Schwendener, R., and Huard, J. (2008). Interaction between macrophages, TGF-beta1, and the COX-2 pathway during the inflammatory phase of skeletal muscle healing after injury. *J Cell Physiol* **214,** 405-12.

Shupliakov, O., Low, P., Grabs, D., Gad, H., Chen, H., et al. (1997). Synaptic vesicle endocytosis impaired by disruption of dynamin-SH3 domain interactions. *Science* **276,** 259-63.

Sinnreich, M., Therrien, C., and Karpati, G. (2006). Lariat branch point mutation in the dysferlin gene with mild limb-girdle muscular dystrophy. *Neurology* **66,** 1114-6.

Smythe, G. M., Eby, J. C., Disatnik, M. H., and Rando, T. A. (2003). A caveolin-3 mutant that causes limb girdle muscular dystrophy type 1C disrupts Src localization and activity and induces apoptosis in skeletal myotubes. *J Cell Sci* **116,** 4739-49.

Stefanovic, B., Hackl, W., Luhrmann, R., and Schumperli, D. (1995). Assembly, nuclear import and function of U7 snRNPs studied by microinjection of synthetic U7 RNA into Xenopus oocytes. *Nucleic Acids Res* **23,** 3141-51.

Steinhardt, R. A. (2005). The mechanisms of cell membrane repair: A tutorial guide to key experiments. *Ann N Y Acad Sci* **1066,** 152-65.

Steinhardt, R. A., Bi, G., and Alderton, J. M. (1994). Cell membrane resealing by a vesicular mechanism similar to neurotransmitter release. *Science* **263,** 390-3.

Stieger, K., Schroeder, J., Provost, N., Mendes-Madeira, A., Belbellaa, B., et al. (2009). Detection of intact rAAV particles up to 6 years after successful gene transfer in the retina of dogs and primates. *Mol Ther* **17,** 516-23.

Straub, V., and Campbell, K. P. (1997). Muscular dystrophies and the dystrophin-glycoprotein complex. *Curr Opin Neurol* **10,** 168-75.

Streicher, W. W., Lopez, M. M., and Makhatadze, G. I. (2009). Annexin I and annexin II N-terminal peptides binding to S100 protein family members: specificity and thermodynamic characterization. *Biochemistry* **48,** 2788-98.

Suetsugu, S. (2010). The proposed functions of membrane curvatures mediated by the BAR domain superfamily proteins. *J Biochem* **148,** 1-12.

Sullivan, R., Price, L. S., and Koffer, A. (1999). Rho controls cortical F-actin disassembly in addition to, but independently of, secretion in mast cells. *J Biol Chem* **274,** 38140-6.

Sun, J. Y., Anand-Jawa, V., Chatterjee, S., and Wong, K. K. (2003). Immune responses to adeno-associated virus and its recombinant vectors. *Gene Ther* **10,** 964-76.

Sussman, J., Stokoe, D., Ossina, N., and Shtivelman, E. (2001). Protein kinase B phosphorylates AHNAK and regulates its subcellular localization. *J Cell Biol* **154,** 1019-30.

Sutton, R. B., Ernst, J. A., and Brunger, A. T. (1999). Crystal structure of the cytosolic C2A-C2B domains of synaptotagmin III. Implications for Ca(+2)-independent snare complex interaction. *J Cell Biol* **147,** 589-98.

Sweitzer, S. M., and Hinshaw, J. E. (1998). Dynamin undergoes a GTP-dependent conformational change causing vesiculation. *Cell* **93,** 1021-9.

Tagawa, K., Ogawa, M., Kawabe, K., Yamanaka, G., Matsumura, T., et al. (2003). Protein and gene analyses of dysferlinopathy in a large group of Japanese muscular dystrophy patients. *J Neurol Sci* **211,** 23-8.

Takahashi, T., Aoki, M., Tateyama, M., Kondo, E., Mizuno, T., et al. (2003). Dysferlin mutations in Japanese Miyoshi myopathy: relationship to phenotype. *Neurology* **60,** 1799-804.

Talbot, G. E., Waddington, S. N., Bales, O., Tchen, R. C., and Antoniou, M. N. (2010). Desmin-regulated lentiviral vectors for skeletal muscle gene transfer. *Mol Ther* **18**, 601-8.

Tate, W. P., Poole, E. S., Dalphin, M. E., Major, L. L., Crawford, D. J., et al. (1996). The translational stop signal: codon with a context, or extended factor recognition element? *Biochimie* **78**, 945-52.

Taveau, M., Bourg, N., Sillon, G., Roudaut, C., Bartoli, M., et al. (2003). Calpain 3 is activated through autolysis within the active site and lyses sarcomeric and sarcolemmal components. *Mol Cell Biol* **23**, 9127-35.

Terasaki, M., Miyake, K., and McNeil, P. L. (1997). Large plasma membrane disruptions are rapidly resealed by Ca2+- dependent vesicle-vesicle fusion events. *J Cell Biol* **139**, 63-74.

Therrien, C., Di Fulvio, S., Pickles, S., and Sinnreich, M. (2009). Characterization of lipid binding specificities of dysferlin C2 domains reveals novel interactions with phosphoinositides. *Biochemistry* **48**, 2377-84.

Therrien, C., Dodig, D., Karpati, G., and Sinnreich, M. (2006). Mutation impact on dysferlin inferred from database analysis and computer-based structural predictions. *J Neurol Sci* **250**, 71-8.

Thompson, N. R., and McNeil, B. W. (2008). Mode locking in a free-electron laser amplifier. *Phys Rev Lett* **100**, 203901.

Togo, T., Alderton, J. M., Bi, G. Q., and Steinhardt, R. A. (1999). The mechanism of facilitated cell membrane resealing. *J Cell Sci* **112 (Pt 5)**, 719-31.

Togo, T., Alderton, J. M., and Steinhardt, R. A. (2000a). The mechanism of cell membrane repair. *Zygote* **8 Suppl 1**, S31-2.

Togo, T., Krasieva, T. B., and Steinhardt, R. A. (2000b). A decrease in membrane tension precedes successful cell-membrane repair. *Mol Biol Cell* **11**, 4339-46.

Toromanoff, A., Adjali, O., Larcher, T., Hill, M., Guigand, L., et al. Lack of immunotoxicity after regional intravenous (RI) delivery of rAAV to nonhuman primate skeletal muscle. *Mol Ther* **18,** 151-60.

Toromanoff, A., Adjali, O., Larcher, T., Hill, M., Guigand, L., et al. (2010). Lack of immunotoxicity after regional intravenous (RI) delivery of rAAV to nonhuman primate skeletal muscle. *Mol Ther* **18,** 151-60.

Toromanoff, A., Cherel, Y., Guilbaud, M., Penaud-Budloo, M., Snyder, R. O., et al. (2008). Safety and efficacy of regional intravenous (r.i.) versus intramuscular (i.m.) delivery of rAAV1 and rAAV8 to nonhuman primate skeletal muscle. *Mol Ther* **16,** 1291-9.

Torrente, Y., Belicchi, M., Marchesi, C., Dantona, G., Cogiamanian, F., et al. (2007). Autologous transplantation of muscle-derived CD133+ stem cells in Duchenne muscle patients. *Cell Transplant* **16,** 563-77.

Torrente, Y., Belicchi, M., Sampaolesi, M., Pisati, F., Meregalli, M., et al. (2004). Human circulating AC133(+) stem cells restore dystrophin expression and ameliorate function in dystrophic skeletal muscle. *J Clin Invest* **114,** 182-95.

Trifaro, J., Rose, S. D., Lejen, T., and Elzagallaai, A. (2000a). Two pathways control chromaffin cell cortical F-actin dynamics during exocytosis. *Biochimie* **82,** 339-52.

Trifaro, J. M., Rose, S. D., and Marcu, M. G. (2000b). Scinderin, a Ca2+-dependent actin filament severing protein that controls cortical actin network dynamics during secretion. *Neurochem Res* **25,** 133-44.

Trollet, C., Athanasopoulos, T., Popplewell, L., Malerba, A., and Dickson, G. (2009). Gene therapy for muscular dystrophy: current progress and future prospects. *Expert Opin Biol Ther* **9,** 849-66.

Trono, D. (2003). Virology. Picking the right spot. *Science* **300,** 1670-1.

Tuffery-Giraud, S., Beroud, C., Leturcq, F., Yaou, R. B., Hamroun, D., et al. (2009). Genotype-phenotype analysis in 2,405 patients with a dystrophinopathy using the UMD-DMD database: a model of nationwide knowledgebase. *Hum Mutat* **30**, 934-45.

Ueyama, H., Kumamoto, T., Horinouchi, H., Fujimoto, S., Aono, H., et al. (2002). Clinical heterogeneity in dysferlinopathy. *Intern Med* **41**, 532-6.

Ueyama, H., Kumamoto, T., Nagao, S., Masuda, T., Horinouchi, H., et al. (2001). A new dysferlin gene mutation in two Japanese families with limb-girdle muscular dystrophy 2B and Miyoshi myopathy. *Neuromuscul Disord* **11**, 139-45.

Uriarte, S. M., Powell, D. W., Luerman, G. C., Merchant, M. L., Cummins, T. D., et al. (2008). Comparison of proteins expressed on secretory vesicle membranes and plasma membranes of human neutrophils. *J Immunol* **180**, 5575-81.

Urtizberea, J. A., Bassez, G., Leturcq, F., Nguyen, K., Krahn, M., et al. (2008).

Dysferlinopathies. *Neurol India* **56**, 289-97.

Vafiadaki, E., Reis, A., Keers, S., Harrison, R., Anderson, L. V., et al. (2001). Cloning of the mouse dysferlin gene and genomic characterization of the SJL-Dysf mutation. *Neuroreport* **12**, 625-9.

van Deutekom, J. C., Janson, A. A., Ginjaar, I. B., Frankhuizen, W. S., Aartsma-Rus, A., et al. (2007). Local dystrophin restoration with antisense oligonucleotide PRO051. *N Engl J Med* **357**, 2677-86.

Vandenabeele, P., Galluzzi, L., Vanden Berghe, T., and Kroemer, G. (2010). Molecular mechanisms of necroptosis: an ordered cellular explosion. *Nat Rev Mol Cell Biol* **11**, 700-14.

Vestergaard, P. (2008). Skeletal effects of systemic and topical corticosteroids. *Curr Drug Saf* **3**, 190-3.

Vilchez, J. J., Gallano, P., Gallardo, E., Lasa, A., Rojas-Garcia, R., et al. (2005). Identification of a novel founder mutation in the DYSF gene causing clinical variability in the Spanish population. *Arch Neurol* **62,** 1256-9.

Villeger, L., Abifadel, M., Allard, D., Rabes, J. P., Thiart, R., et al. (2002). The UMD-LDLR database: additions to the software and 490 new entries to the database. *Hum Mutat* **20,** 81-7.

Vincent, N., Ragot, T., Gilgenkrantz, H., Couton, D., Chafey, P., et al. (1993). Long-term correction of mouse dystrophic degeneration by adenovirus-mediated transfer of a minidystrophin gene. *Nat Genet* **5,** 130-4.

Vinit, J., Samson, M., Jr., Gaultier, J. B., Laquerriere, A., Ollagnon, E., et al. (2010). Dysferlin deficiency treated like refractory polymyositis. *Clin Rheumatol* **29,** 103-6.

Volonte, D., Peoples, A. J., and Galbiati, F. (2003). Modulation of myoblast fusion by caveolin-3 in dystrophic skeletal muscle cells: implications for Duchenne muscular dystrophy and limb-girdle muscular dystrophy-1C. *Mol Biol Cell* **14,** 4075-88.

von der Hagen, M., Laval, S. H., Cree, L. M., Haldane, F., Pocock, M., et al. (2005). The differential gene expression profiles of proximal and distal muscle groups are altered in pre-pathological dysferlin-deficient mice. *Neuromuscul Disord* **15,** 863-77.

Walev, I., Bhakdi, S. C., Hofmann, F., Djonder, N., Valeva, A., et al. (2001). Delivery of proteins into living cells by reversible membrane permeabilization with streptolysin-O. *Proc Natl Acad Sci U S A* **98,** 3185-90.

Wallace, R. A., Opresko, L., Wiley, H. S., and Selman, K. (1983). The oocyte as an endocytic cell. *Ciba Found Symp* **98,** 228-48.

Walter, M. C., Braun, C., Vorgerd, M., Poppe, M., Thirion, C., et al. (2003). Variable reduction of caveolin-3 in patients with LGMD2B/MM. *J Neurol* **250,** 1431-8.

Ward, J. R., West, P. W., Ariaans, M. P., Parker, L. C., Francis, S. E., et al. (2010). Temporal interleukin-1beta secretion from primary human peripheral blood monocytes by P2X7-independent and P2X7-dependent mechanisms. *J Biol Chem* **285,** 23147-58.

Ward, S., Argon, Y., and Nelson, G. A. (1981). Sperm morphogenesis in wild-type and fertilization-defective mutants of Caenorhabditis elegans. *J Cell Biol* **91,** 26-44.

Washington, N. L., and Ward, S. (2006). FER-1 regulates Ca2+ -mediated membrane fusion during C. elegans spermatogenesis. *J Cell Sci* **119,** 2552-62.

Way, M., and Parton, R. G. (1995). M-caveolin, a muscle-specific caveolin-related protein. *FEBS Lett* **376,** 108-12.

Weiler, T., Bashir, R., Anderson, L. V., Davison, K., Moss, J. A., et al. (1999). Identical mutation in patients with limb girdle muscular dystrophy type 2B or Miyoshi myopathy suggests a role for modifier gene(s). *Hum Mol Genet* **8,** 871-7.

Wein, N., Avril, A., Bartoli, M., Beley, C., Chaouch, S., et al. (2010a). Efficient bypass of mutations in dysferlin deficient patient cells by antisense-induced exon skipping. *Hum Mutat* **31,** 136-42.

Wein, N., Krahn, M., Courrier, S., Bartoli, M., Salort-Campana, E., et al. (2010b). Immunolabelling and flow cytometry as new tools to explore dysferlinopathies. *Neuromuscul Disord* **20,** 57-60.

Weisleder, N., Takeshima, H., and Ma, J. (2009). Mitsugumin 53 (MG53) facilitates vesicle trafficking in striated muscle to contribute to cell membrane repair. *Commun Integr Biol* **2,** 225-6.

Weiss, R. B. (1991). Ribosomal frameshifting, jumping and readthrough. *Curr Opin Cell Biol* **3,** 1051-5.

Weller, A. H., Magliato, S. A., Bell, K. P., and Rosenberg, N. L. (1997). Spontaneous myopathy in the SJL/J mouse: pathology and strength loss. *Muscle Nerve* **20,** 72-82.

Wenzel, K., Geier, C., Qadri, F., Hubner, N., Schulz, H., et al. (2007). Dysfunction of dysferlin-deficient hearts. *J Mol Med* **85,** 1203-14.

Wenzel, K., Zabojszcza, J., Carl, M., Taubert, S., Lass, A., et al. (2005). Increased susceptibility to complement attack due to down-regulation of decay-accelerating factor/CD55 in dysferlin-deficient muscular dystrophy. *J Immunol* **175,** 6219-25.

Whittemore, L. A., Song, K., Li, X., Aghajanian, J., Davies, M., et al. (2003). Inhibition of myostatin in adult mice increases skeletal muscle mass and strength. *Biochem Biophys Res Commun* **300,** 965-71.

Wilton, S. D., Lloyd, F., Carville, K., Fletcher, S., Honeyman, K., et al. (1999). Specific removal of the nonsense mutation from the mdx dystrophin mRNA using antisense oligonucleotides. *Neuromuscul Disord* **9,** 330-8.

Wood, M. J. (2010). Toward an oligonucleotide therapy for Duchenne muscular dystrophy: a complex development challenge. *Sci Transl Med* **2,** 25ps15.

Wood, M. J., Gait, M. J., and Yin, H. (2010). RNA-targeted splice-correction therapy for neuromuscular disease. *Brain* **133,** 957-72.

Woolley, K., and Martin, P. (2000). Conserved mechanisms of repair: from damaged single cells to wounds in multicellular tissues. *Bioessays* **22,** 911-9.

Yamaji, S., Suzuki, A., Sugiyama, Y., Koide, Y., Yoshida, M., et al. (2001). A novel integrin-linked kinase-binding protein, affixin, is involved in the early stage of cell-substrate interaction. *J Cell Biol* **153,** 1251-64.

Yasunaga, S., Grati, M., Chardenoux, S., Smith, T. N., Friedman, T. B., et al. (2000). OTOF encodes multiple long and short isoforms: genetic evidence that the long ones underlie recessive deafness DFNB9. *Am J Hum Genet* **67,** 591-600.

Yasunaga, S., Grati, M., Cohen-Salmon, M., El-Amraoui, A., Mustapha, M., et al. (1999). A mutation in OTOF, encoding otoferlin, a FER-1-like protein, causes DFNB9, a nonsyndromic form of deafness. *Nat Genet* **21,** 363-9.

Yoshimi, R., Yamaji, S., Suzuki, A., Mishima, W., Okamura, M., et al. (2006). The gamma-parvin-integrin-linked kinase complex is critically involved in leukocyte-substrate interaction. *J Immunol* **176,** 3611-24.

Zhang, B., and Zelhof, A. C. (2002). Amphiphysins: raising the BAR for synaptic vesicle recycling and membrane dynamics. Bin-Amphiphysin-Rvsp. *Traffic* **3,** 452-60.

Zhang, Y., Chirmule, N., Gao, G., and Wilson, J. (2000). CD40 ligand-dependent activation of cytotoxic T lymphocytes by adeno-associated virus vectors in vivo: role of immature dendritic cells. *J Virol* **74,** 8003-10.

Zincarelli, C., Soltys, S., Rengo, G., and Rabinowitz, J. E. (2008). Analysis of AAV serotypes 1-9 mediated gene expression and tropism in mice after systemic injection. *Mol Ther* **16,** 1073-80.

LIENS INTERNET

http://www.ncbi.nlm.nih.gov/BLAST/

http://www.musclegenetable.org/

http://www.geneclinics.org

www.dmd.nl/md.html

http://www.umd.be/

http://www.expasy.org/

http://psort.ims.u-tokyo.ac.jp/form2.html

http://www.expasy.org/tools/scanprosite/

http://www.clinicaltrials.gov

http://genome.ucsc.edu/cgi-bin/hgGateway

http://www.cbs.dtu.dk/services/YinOYang/

http://clinicaltrialsfeeds.org/clinical-trials/show/NCT00527228

ANNEXES

ANNEXE - NECESSITE D'UN NOUVEL ANTICORPS

Un des points majeur, dans le diagnostic clinique, est la mise en évidence d'un déficit protéique ou d'une anomalie de localisation de la protéine d'intérêt et repose alors sur l'existence d'un anticorps spécifique. Dans le cas des dysferlinopathies, il existe 11 anticorps dont 4 commerciaux (figure 35). Parmi ces différents anticorps, la plupart fonctionne en WB mais pas en IHC. Le seul anticorps capable de détecter la dysferline en IHC et WB est NCL-Hamlet1. Cet anticorps qui reconnait un épitope localisé juste avant le domaine transmembranaire de la dysferline (aa1999-2016) fonctionne très bien sur coupes de muscles et sur échantillons protéiques humains et de ce fait est utilisé en routine pour le diagnostic des dysferlinopathies.

Toutefois, en observant les résultats obtenus sur WB de protéines provenant de PBMC de sujets témoins, nous avons noté la présence de deux bandes : une à 237kDa correspondant à la dysferline, mais qui n'est observée, que lorsque le prélèvement et l'extraction protéique sont effectués dans les 24h et une bande d'une taille d'environ 200kDa de nature inconnue (Figure 35), qui reste présente, même quand le prélèvement est extrait après 48h (travaux de nos collaborateurs à l'hôpital Cochin, Paris) et qui reste présente chez tous les patients atteints par une dysferlinopathie. Ces observations soulèvent deux problèmes : (1) NCL-Hamlet1 ne reconnait pas spécifiquement la dysferline pouvant donc engendrer des faux positifs (2) cet anticorps reconnait une autre protéine exprimée dans les leucocytes. Il nous a paru intéressant de connaitre l'identité de cette deuxième bande. En effet si cette protéine est impliquée dans une pathologie, on pourrait Facilement tester en diagnostic la présence ou l'absence de cette protéine dans le sang de patient.

Afin d'identifier et de caractériser ce fragment inattendu, nous avons recherché avec le site BLAST (http://www.ncbi.nlm.nih.gov/BLAST/) les protéines autres que la dysferline qui possèderaient le peptide (1999-2016) que reconnaît NCL-Hamlet1. Les résultats obtenus montrent une homologie de séquence dans cette région entre les différents membres protéiques de la famille des ferlines : dysferline, myoferline et otoferline. Ces épitopes pourraient donc être partiellement reconnus par cet anticorps dans les monocytes.

La myoferline n'est pas exprimée dans les PBMC mais elle est présente en très faible quantité dans les myotubes adultes (Doherty KR et al., 2005). Son poids moléculaire est de 234kDa, donc proche de la dysferline, ce qui les rendrait difficilement distinguables.

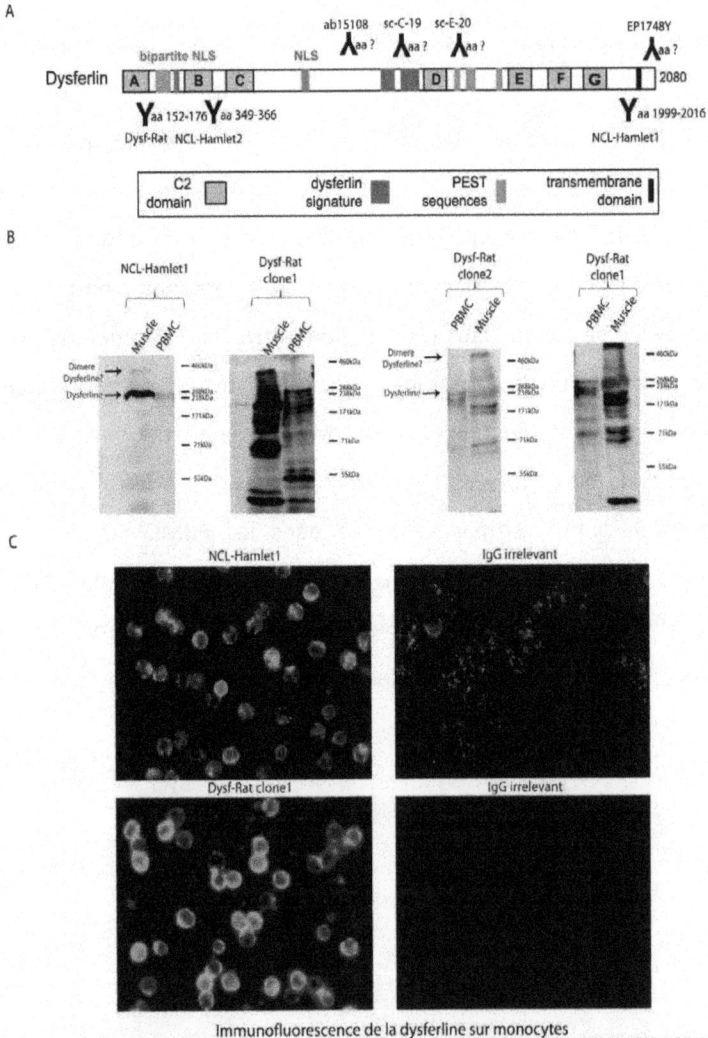

Figure 35 - Localisation des différents anticorps et tests de nouveaux anticorps monoclonaux de rats.
A. Localisation des différents anticorps existants : représentation schématique de la dysferline et positionnement des différents anticorps existants. B. Test en western-blot des clones obtenus après production des
anticorps chez le rat. C. Test du clone 1 en immunofluorescence.

Il existe 4 isoformes de l'otoferline : une forme longue de 200kDa et 3 formes courtes (Yasunaga et al., 2000). La bande supplémentaire reconnue par l'anticorps est à une taille d'environ 200 kDa et pourrait donc correspondre à l'isoforme longue. Cette protéine ne serait pas reconnue par l'anticorps en WB ou par immunomarquage effectués à partir de tissu musculaire car l'otoferline est absente de ce tissu. Il est intéressant de noter que l'otoferline est impliquée dans une surdité DFNB9 (OMIM :601071). Il serait donc intéressant de tester sur le sang de ces patients, en utilisant l'anticorps NCL-Hamlet1, si la bande à 200kDa disparaît, permettant ainsi de disposer d'un test diagnostic pour ces pathologies.

On vient donc de voir que, l'anticorps NCL-Hamlet1 est peu spécifique à la dysferline, ainsi son utilisation en WB peut être discutée. En effet, dans le cas de mutations conduisant à la synthèse d'une protéine tronquée en C-terminal (33% des mutations répertoriées), la protéine produite ne pourrait alors pas être reconnue par cet anticorps, résultat intéressant dans un cadre diagnostique. L'identification et la localisation de formes tronquées pourrait être très intéressante en recherche, notamment donner des pistes sur le développement d'un phénotype (MM ou LGMD2B) en fonction de la localisation de ces protéines tronquées.

La production d'un anticorps plus spécifiques que NCL-Hamlet1 est donc une étape importante pour l'amélioration du diagnostic et la compréhension des fonctions de la dysferline. Nous avons donc entrepris de produire des anticorps monoclonaux de rat dirigés contre l'extrémité

N-terminale de dysferline, malheureusement aucun des anticorps obtenu n'a donné des résultats concluants (Figure 35). Il est pourtant important, pour toutes les raisons évoquées précédemment, de disposer d'un meilleur anticorps. En effet, on ignore si les patients souffrant de dysferlinopathies produisent ou non des versions tronquées de dysferline. Si c'est le cas, ces versions tronquées pourraient être ciblées vers des d'autres compartiments cellulaires comme le noyau, puisque la dysferline possède des NLS, et pourrait en perturber le fonctionnement. Par exemple, l'équipe du Dr Spüler a développé un anticorps reconnaissant un épitope situé dans la partie N-terminale de la dysferline. Dans une étude, chez des patients atteints de dysferlinopathies et porteurs de deux mutations non-sens, des dépôts amyloïdes ont été observés dans les coupes de muscles. Or, l'utilisation de cet anticorps a permis de mettre en évidence, la présence de dysferline tronquée dans ces agrégats, résultat soulignant l'importance de disposer de tels anticorps.

LA PHAGOCYTOSE ET LA DYSFERLINE

L'expression de la dysferline dans le monocyte est intrigante. En effet, à ce jour aucun déficit immunitaire n'a été observé chez les patients, cependant la majorité des patients ont une augmentation du processus inflammatoire. Toutefois, ce phénomène semble être la conséquence de l'absence de dysferline. Ce processus inflammatoire permet certainement la dégradation des fibres musculaires nécroptiques qui, en absence de dysferline, ont un retard de réparation membranaire, ce qui permet l'entrée massive de calcium et donc l'activation par la mitochondrie d'une voie d'apoptose. Afin de comprendre le rôle de la dysferline dans le monocyte, nous avons étudié l'implication potentielle de la dysferline dans les monocytes sanguins. Nous sommes donc partis du constat que la dysferline, la cavéoline-1 et 3, l'annexine 1 et 2 interagissent toutes dans le muscle et dans les monocytes (NJ Lennon et al. 2003). Or, il a été montré que l'inactivation de la cavéoline-1 ou des annexines 1, 2 entraînait une déficience du processus de phagocytose (Kiss et al. 2002; Li et al. 2005). Au vu de leurs interactions, nous avons émis l'hypothèse que la dysferline pouvait être impliquée dans le recyclage de vésicules après phagocytose. Dans les cellules de patients atteints de dysferlinopathies, la phagocytose des monocytes devrait donc être diminuée ou ralentit. Si cette hypothèse s'avère exacte, ce test pourrait être utilisé pour évaluer la gravité de la maladie et permettre de vérifier l'efficacité de certaines stratégies thérapeutiques (notamment le saut d'exon) directement sur les cellules de patients.

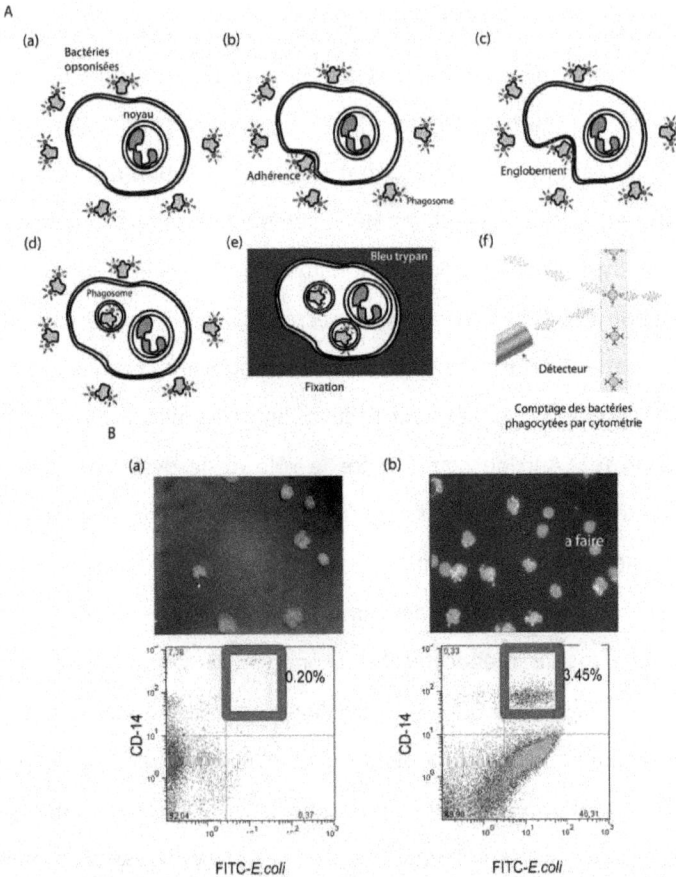

Figure 37 - Test de phagocytose
A. Description du test de phagocytose : (a) des bactéries fluorescentes et opsonisées sont incubées en présence de 100µl de sang total. (b) les bactéries sont reconnues par les cellules. (c) les cellules commencent la phagocytose en formant des pseudopodes. (d) internalisation de la bactérie et formation du phagosome. (e) les cellules sont fixées en présence de bleu de trypan. (f) la suspension cellulaire est passée en cytométrie de flux et le nombre de bactéries fluorescentes est compté.
B. Test de l'implication de la dysferline dans la phagocytose : (a) les cellules du témoin sont incubées à 4°C en présence des bactéries fluorescentes. La phagocytose est ainsi bloquée. (b) à 37°C, 3.45% des cellules de témoins ont phagocyté des bactéries fluorescentes. (c) dans les mêmes conditions, les cellules du patient F1-38-1-2 ont également le même taux de phagocytose.

Nous avons donc mesuré, sur des cellules de patients et de contrôles, le taux de phagocytose de bactéries fluorescentes. Brièvement, le sang total hépariné est incubé à 37 ° C avec des bactéries E. coli marquées à la fluorescéine. La phagocytose est arrêtée à différents temps en plaçant les échantillons dans la glace et par ajout d'une solution de blocage qui permet de discriminer entre les bactéries internalisées et celle qui serait seulement attachée à la surface des cellules. Le pourcentage de cellules ayant effectuées la phagocytose est ensuite quantifiée par FACS ainsi que l'intensité de fluorescence moyenne des cellules permettant de calculer le nombre de bactéries ingérées (Figure 36).

Nous avons réalisé ce test sur le sang de 5 témoins et de 2 patients. Toutefois, la comparaison du taux de phagocytose et du nombre de bactéries internalisées par monocyte de patients et de témoins, a montré que ce "premier tour" de phagocytose n'est pas affecté. Même si le nombre de patients est peu élevé, ce résultat a été récemment confirmée par l'étude de Nagaraju et al., 2008 qui ont effectué le même type d'approche. Il est à noter que dans leur publication, cette équipe montre, par contre, que chez les souris SJL/L, le taux de phagocytose des monocytes de ces souris déficientes en dysferline, est plus élevé. Il faut garder à l'esprit que les modèles SJL/L sont connus pour avoir de problèmes immunitaires qui sont certainement indépendants de la dysferline. En effet, ce modèle de souris est porteur, en plus d'une mutation dans la dysferline, de mutations dans les gènes *IL2* et *Pde6b*, qui sont des gènes impliqués dans des processus immunitaires.

L'implication de la dysferline dans la phagocytose ou dans les processus de recyclage de la membrane après phagocytose mérite donc d'être approfondie. Notre étude comme celle du Dr. Nagaraju, ne dispose que de trop peu d'échantillons de patients, de plus elle est basée sur le même protocole. On pourrait imaginer que nous n'avons pas assez stimulé le processus de phagocytose afin de mettre en évidence des défauts dans celui-ci. Il serait intéressant de soumettre les monocytes de patients et de témoins à un deuxième tour de phagocytose avec des bactéries d'une autre couleur et de comparer le nombre de bactéries internalisées lors de ce deuxième tour.

www.ingramcontent.com/pod-product-compliance
Lightning Source LLC
Chambersburg PA
CBHW021031210326
41598CB00016B/980